国家林业和草原局普通高等教育"十三五"规划教材

浙江农林大学常见植物图鉴

Guide to the Common Plants of Zhejiang A&F University

◎ 金水虎　刘守赞　主编

中国林业出版社
·北京·

图书在版编目（CIP）数据

浙江农林大学常见植物图鉴/金水虎，刘守赞主编．-- 北京：中国林业出版社，2020.11
国家林业和草原局普通高等教育“十三五”规划教材
ISBN 978-7-5219-0815-2

Ⅰ．①浙… Ⅱ．①金… ②刘… Ⅲ．①浙江农林大学－植物－高等学校－教材 Ⅳ．①Q948.525.51

中国版本图书馆CIP数据核字（2020）第179351号

中国林业出版社·教育分社
策划、责任编辑　康红梅
出版发行　中国林业出版社(100009
　　　　　北京市西城区德内大街刘海胡同7号)
电　　话　(010)83143551　83143527
制　　版　北京美光设计制版有限公司
印　　刷　北京中科印刷有限公司
版　　次　2020年11月第1版
印　　次　2020年11月第1次印刷
开　　本　710mm×1000mm　1/16
印　　张　20
字　　数　414千字
定　　价　79.00元

《浙江农林大学常见植物图鉴》编委会

主　编

金水虎　刘守赞

副主编

闫道良　叶喜阳　夏国华　陈胜伟　代向阳

编写人员

（按姓氏笔画为序）

王江铭　石柏林　卢伟民　叶喜阳

代向阳　刘守赞　闫道良　李飞广

李晓晨　肖乐铨　张　韵　陈胜伟

金水虎　夏国华　虞钦岚　魏子璐

浙江农林大学植物园简介

浙江农林大学植物园始建于2002年，依托学校东湖校区，以“崇尚自然、优化环境，因地制宜、特色鲜明，以人为本、天人合一”规划理念为指导，将校园与植物园“两园合一”进行建设。目前已建成集教学、科研、物种保育、科普教育等功能为一体的校园植物园，是国际植物园保护联盟（BGCI）和中国植物园联盟（CUBG）成员单位。

植物园占地面积2000余亩，按照“两园合一、生态种植、示教结合、收藏独特”的建设思路，建有松柏园、木兰园、金缕梅园、蔷薇园、槭树园、杜鹃园、桂花园、山茶园、翠竹园、珍稀濒危园、果木园、棕榈园、盆景园、农作园、茗茶园、百草园16

个专类园，校训园、古道文化园、水景园、院士林、珍贵树种林、森禾园、温州园等9个特色园。“两园合一”的校园与植物园被誉为“浙江省高校校园建设的一张亮丽名片”“一个读书做学问的好地方”，被教育部、国家林业和草原局等单位授予“国家生态文明教育基地”。

植物园立足浙江，面向华东地区，依托省部共建亚热带森林培育国家重点实验室，林学、农学、生态学、风景园林等学科优势与特色，开展植物种质资源收集、迁地保育等研究，收集蕨类植物、裸子植物和被子植物3200余种（含种下等级），其中百山祖冷杉、普陀鹅耳枥、天目铁木、银缕梅、羊角槭、细果秤锤树等国家保护和其他珍稀特色植物200余种；建有植物标本馆1个，收藏植物标本11万余份。2019至2020年，连续两年在中国大学植物网联盟发布的中国大学校园植物种类数量排行榜上名列榜首。

植物园把“以人为本”的育人理念与对生态和科学的尊重有机结合，培养学生崇尚自然、与自然和谐相处的生态观。作为农林类专业的教学实习基地，承担着学校林学、生物技术、中药学、生态学、农学、茶学、植物保护、园林等20多个专业方向的教学与实习任务，切实将生态育人理念贯穿人才培养与文化校园建设各环节；同时以国家生态文明教育基地为载体，面向社会积极开展生态文明传播与科普教育工作。

浙江农林大学植物园管理办公室

2020年9月

编写说明

1. 本图鉴收录了浙江农林大学植物园常见的种子植物 300 种（含种下等级），附种 29 种。

2. 图鉴采用的系统：裸子植物采用郑万钧系统（1978），被子植物采用克朗奎斯特系统（1981）。属与种按拉丁学名字母顺序排列，种下等级原则上按亚种、变种、变型、品种顺序排列。

3. 植物的中名与拉丁学名原则上以《中国植物志》、《浙江植物志》、《浙江种子植物检索鉴定手册》等为准，与《浙江林学院植物园植物名录》基本一致。

4. 图鉴的编写工作由金水虎、刘守赞负责，参加编写人员有闫道良、叶喜阳、夏国华、陈胜伟、代向阳、李飞广、石柏林、李晓晨、魏子璐、肖乐铨、王江铭、张韵、卢伟民等。

5. 图片由叶喜阳提供。

本书的出版得到了浙江农林大学宣传部、教务处、林业与生物技术学院、风景园林与建筑学院等部门与学院的大力支持，在此谨表谢意！

因编者水平有限，错误之处，敬请指正。

目录

苏铁
Cycas revoluta Thunb.

苏铁科 Cycadaceae

苏铁属 *Cycas*

常绿木本。茎圆柱形，常单一。叶二型：鳞叶三角状卵形；羽状叶集生茎顶，裂片条形，边缘反卷。雌雄异株，球花顶生；雄球花圆柱形；雌球花圆球形，由多数羽状分裂的大孢子叶螺旋状排列组成，密被淡黄色茸毛。种子橘红色，幼时被茸毛。花期 6~7 月，种子 10 月成熟。

见于各园区。

国家 I 级重点保护野生植物。供观赏等。

银杏
Ginkgo biloba Linn.

银杏科 Ginkgoaceae

银杏属 *Ginkgo*

落叶乔木。树皮灰褐色，纵裂。叶扇形，先端2裂或波状缺刻，螺旋状散生于长枝，簇生于短枝。雌雄异株，球花簇生于短枝顶端；雄球花柔荑状；雌球花具长梗，梗端常2叉，叉顶各生1枚直生胚珠，常仅1枚发育成种子。种子近椭圆形，熟时黄色或橙黄色，外被白粉。花期3~4月，种子9~10月成熟。

见于各园区。

我国特有树种，国家Ⅰ级重点保护野生植物。优良用材及观赏树种，被誉为“园林三宝”之一；叶供药用；种仁食药兼用。

雪松
Cedrus deodara (Roxb.) G. Don

松 科 Pinaceae

雪松属 *Cedrus*

常绿乔木，树冠塔形。树皮不规则块裂；侧枝平展或下垂。叶针形，深绿色，横切面常三棱形，在长枝上辐射状散生，短枝上簇生。雌雄同株，球花单生枝顶。球果椭圆状卵形；种鳞背面密被锈色茸毛，苞鳞短小。种子上端具倒三角形宽圆种翅。花期 10~11 月，球果翌年 9~10 月成熟。

见于各园区。

世界五大公园树种之一，用于庭园观赏等。

铁坚油杉

Keteleeria davidiana (Bertr.) Beissn

松　科　Pinaceae

油杉属　*Keteleeria*

常绿乔木。树皮深灰色，纵裂。叶条形，（2~5）cm ×（0.3~0.4）cm，先端圆钝或微凹，幼树或萌芽枝之叶具刺状尖头，两面中脉隆起，下面中脉两侧各有气孔线 10~16 条，微有白粉。雌雄球花分别单生、簇生枝顶。球果圆柱形，直立；中部的种鳞卵形或近斜方状卵形，边缘反曲，具细齿。花期 4 月，种子 10 月成熟。

见于松柏园、蔷薇园等。

我国特有树种。供园林观赏等。

附：江南油杉

Keteleeria cyclolepis Flous.

与铁坚油杉的主要区别：叶先端钝圆、微凹，或具微突尖，边缘稍反曲；球果中部的种鳞斜方形或斜方状圆形。

见于蔷薇园等。

我国特有树种。木材坚实，供建筑、家具用材等。

日本五针松
Pinus parviflora Sieb. et Zucc.

松科 Pinaceae

松属 *Pinus*

常绿乔木。树冠圆锥形。树皮暗灰色至灰褐色。小枝密被淡黄色柔毛；冬芽卵形或卵圆形，褐色。叶常 5 针一束，长 3~5.5 cm，边缘具锯齿，下面暗绿色，腹面每边有 3~6 条灰白色气孔线；叶鞘早落。球果卵圆形或卵状椭圆形，（4~7.5）cm ×（3.5~4.5）cm。花期 4 月，球果翌年 9~10 月成熟。

见于松柏园、槭树园、院士林，衣锦校区等。

原产于日本。树形优美，多以黑松为砧木嫁接作盆景等赏形树。

黑松
Pinus thunbergii Parl.

松科 Pinaceae

松属 *Pinus*

常绿乔木。树皮灰黑色，裂成块状。小枝橙黄色；冬芽银白色。叶 2 针一束，刚硬，长 6~12 cm，边缘具细锯齿，背腹面均有气孔线，树脂道中生。球果圆锥状卵圆形，（4~6）cm×（3~4）cm，有短梗；鳞盾肥厚，鳞脊明显，鳞脐微凹，有短尖刺。花期 4 月，球果翌年 10 月成熟。

见于松柏园、木兰园、蔷薇园，衣锦校区等。

原产于日本和朝鲜。建筑、家具等用材，尤为优良薪炭材；供日本五针松嫁接砧木。

附：马尾松
Pinus massoniana Lamb.

与黑松的主要区别：冬芽褐色；叶细柔，长 12~20 cm；树脂道边生。

见于天目园。

用于建筑、家具、薪炭材、采割松脂等。

金钱松

Pseudolarix amabilis (Nels.) Rehd.

松　　科 Pinaceae

金钱松属 *Pseudolarix*

落叶乔木。具长短枝。叶条形，多镰状弯曲，长枝上散生，短枝上 15~30 枚簇生，平展呈圆盘形，秋后金黄色。雄球花簇生，雌球花单生。球果卵圆形或倒卵圆形，熟时褐黄色；种鳞脱落，卵状三角形，先端具凹缺；苞鳞卵状披针形。种子连翅与种鳞近等长。花期 4 月，球果 10 月成熟。

见于盆景园、天目园，衣锦校区等。

我国特有树种，国家Ⅱ级重点保护野生植物。世界五大公园树种之一；建筑、家具等用材。

柳杉

Cryptomeria japonica (Thunb. ex Linn. f.) D. Don var. *sinensis* Miq.

杉 科 Taxodiaceae

柳杉属 *Cryptomeria*

常绿乔木。树皮红棕色，长条状纵裂。大枝近轮生，平展或斜展；小枝细长，常下垂。叶锥形，先端内弯，略呈五列。雌雄同株，雌雄球花分别单生枝顶、上部叶腋。球果近球形，径 1.5~2 cm；种鳞约 20 枚，先端具短齿裂。花期 4 月，球果 10~11 月成熟。

见于松柏园，衣锦校区等。

树皮入药；树形优美供观赏。

水杉
Metasequoia glyptostroboides Hu et Cheng

杉　科　Taxodiaceae

水杉属　*Metasequoia*

落叶乔木。树皮灰褐色，薄片状纵裂。芽、小枝、叶、球花、种鳞均对生。叶条形，于侧生小枝上排成羽状二列，长 1~2 cm，沿中脉有 2 条淡黄色气孔带。雄球花单生叶腋或枝顶，或呈总状或圆锥花序状；雌球花单生枝顶。球果近球形；种鳞盾形。花期 3~5 月，球果 10~11 月成熟。

见于松柏园、水景园、天目园、盆景园，衣锦校区等。

我国特有树种，国家 I 级重点保护野生植物。防护林及用材树种，也供观赏等。

北美红杉

Sequoia sempervirens (Lamb.) Endl.

杉　　科 Taxodiaceae

北美红杉属 *Sequoia*

常绿乔木。树皮红褐色，深纵裂。枝条水平开展。叶二型，主枝之叶卵圆形，长约 6 mm；侧枝之叶条形，长 8~20 mm，先端急尖，基部扭转成二列，下面具 2 条白色气孔线。球果下垂，卵状椭圆形或卵圆形，淡红褐色；种鳞盾形，顶端有凹槽，中央具一小尖头。花期 4 月，球果 10 月成熟。

见于松柏园、蔷薇园、文化林等。

原产于美国。树干挺拔，气势雄伟，供园景树等。

池杉

Taxodium distichum (Linn.) Rich. var. *imbricatum* (Nutt.) Croom

杉　　科 Taxodiaceae

落羽杉属 *Taxodium*

落叶乔木。树干基部膨大，多具膝状呼吸根。树皮灰褐色，长条片状纵裂。枝条斜上伸展。叶二型，钻形叶长 4~10 mm，螺旋状贴生小枝；条形叶互生，二列于枝上。球果近圆球形，（2~4）cm×（1.8~3）cm；种鳞木质，盾形。种子不规则三角形。花期 3~4 月，球果 10~11 月成熟。

见于松柏园、盆景园、水景园、天目园，衣锦校区等。

原产于北美东南部。耐水湿，供平原水网绿化观赏。

附：落羽杉

Taxodium distichum (Linn.) Rich.

与池杉的主要区别：枝条水平开展；叶条形，长 1~1.5 cm，基部扭转成羽状二列。

见于松柏园、盆景园、水景园、天目园，衣锦校区等。

原产于北美东南部。树姿优美供观赏；也供建筑、家具等用材。

柏木
Cupressus funebris Endl.

柏 科 Cupressaceae

柏木属 *Cupressus*

常绿乔木。树皮灰褐色，窄长条片状纵裂。生鳞叶的小枝排成一平面，下垂；较老的小枝圆柱形。鳞叶二型，中央之叶的背部有腺点，两侧之叶对折，背部有棱脊，萌生枝上或具刺形叶。雌雄同株，球花单生枝顶。球果圆球形，暗褐色；种鳞 4 对，能育种鳞有种子 5~6 粒。花期 3~4 月，球果翌年 8 月成熟。

见于松柏园、盆景园，衣锦校区等。

我国特有树种。观赏、优良用材及柏干油原料等。

刺柏
Juniperus formosana Hayata

柏 科 Cupressaceae

刺柏属 *Juniperus*

常绿乔木。树皮褐色，长条片纵裂。小枝下垂，三棱形。叶刺形，3 枚轮生，（1.2~2）cm×（0.1~0.2）cm，先端渐尖具锐尖头，上面微凹，中脉两侧各有 1 条白色或淡绿色气孔带；基部具关节。球花多雌雄异株，单生叶腋。球果近球形或宽卵圆形，肉质，径 6~10 mm，多被白粉。

见于松柏园、蔷薇园。

木材芳香，耐水湿，供船舶、家具等用材；树形美观供观赏。

圆柏
Sabina chinensis (Linn.) Ant.

柏 科 Cupressaceae

圆柏属 *Sabina*

常绿乔木。树冠广卵形或圆锥形。大枝平展；生鳞叶小枝近圆柱形，径 1~1.2 mm。叶二型，刺叶常 3 枚轮生，排列稀疏，长 6~12 mm，上面微凹，具 2 条白色粉带，基部下延；鳞叶先端急尖，交叉对生，排列紧密。雌雄异株；球花单生枝顶。球果翌年成熟，近圆球形，径 6~8 mm，被白粉。

见于松柏园、蔷薇园，衣锦校区等。

耐修剪，供绿篱；木材可供家具等；根及枝叶可提柏木油；种子可提润滑油。

竹柏
Nageia nagi (Thunb.) Kuntze

罗汉松科 Podocarpaceae

竹 柏 属 *Nageia*

常绿乔木。树冠广圆锥形。叶长卵形、卵状披针形或披针状椭圆形，对生或近对生，具多数平行细脉，无中脉。雌雄异株；雄球花腋生，常呈分枝状，基部有少数三角状苞片；雌球花单生于叶腋，基部有数枚苞片。种子圆球形，成熟时假种皮暗紫色，被白粉。花期 3~4 月，种子 10 月成熟。

见于松柏园、天目园，衣锦校区。

树形端庄，供观赏及用材等。

罗汉松
Podocarpus macrophyllus (Thunb.) D. Don

罗汉松科 Podocarpaceae

罗汉松属 *Podocarpus*

常绿乔木。叶条状披针形，（7~13）cm×（0.7~1.0）cm，先端尖，基部楔形，上面深绿色，有光泽，中脉显著隆起，下面灰绿色，中脉微隆起。雌雄异株；球花腋生，基部有苞片。种子卵球形，熟时肉质假种皮紫黑色，具白粉；种托肉质，红色或紫红色。花期4~5月，种子8~9月成熟。

见于松柏园、蔷薇园、盆景园，衣锦校区等。

盆景树及用材等。

南方红豆杉

Taxus wallichiana Zucc. var. *mairei* (Lemée et Lévl.) L. K. Fu et Nan. Li

红豆杉科 Taxaceae

红豆杉属 *Taxus*

常绿乔木。叶镰状条形，呈 2 列，（1.5~4.0）cm ×（0.3~0.5）cm，先端渐尖，下面中脉带上常有成片或零星的角质乳头状突起。雌雄异株，球花单生叶腋。种子生于杯状红色肉质的假种皮中，微扁，上部较宽，呈倒卵圆形或椭圆状卵形，有钝纵脊。花期 3~4 月，种子 11 月成熟。

见于文学花园、天目园，衣锦校区等。

我国特有树种，国家 I 级重点保护野生植物。观赏、药用及优质用材等。

香榧

Torreya grandis Fort. ex Lindl. ‘Merrillii’

红豆杉科 Taxaceae

榧树属 *Torreya*

常绿乔木。叶条形，先端具刺状短尖头，上面中脉不明显，有2条稍明显的纵槽，下面气孔带与中脉带近等宽。雌雄异株；雄球花单生叶腋，雌球花双生叶腋。种子矩圆状倒卵形或圆柱形，长3~4 cm，顶端具短尖头，假种皮淡紫褐色，有白粉。花期4月，种子翌年10月成熟。

见于果木园、天目园，衣锦校区等。

著名干果，又可榨油；优良用材及观赏树种。

鹅掌楸

Liriodendron chinense (Hemsl.) Sarg.

木 兰 科 Magnoliaceae

鹅掌楸属 *Liriodendron*

落叶乔木。树皮灰白色，浅纵裂。枝具环状托叶痕。叶片马褂形，两侧中下部具 1 对较大裂片，先端平截，下面苍白色，具乳头状白粉点，叶背中脉圆滑无毛。花单生枝顶，径约 5~6 cm；花被片外轮 3 枚绿色，内 2 轮橙黄色，基部略带淡绿。聚合果纺锤形，翅状小坚果顶端钝或钝尖。花期 5 月，果期 9~10 月。

见于木兰园、天目园、文学花园，衣锦校区等。

国家Ⅱ级重点保护野生植物。供观赏、用材等。

附：杂交鹅掌楸

Liriodendron × *sino-americanum* P. C. Yieh ex Shang et. R. Wang

与鹅掌楸的主要区别：树皮褐色，纵裂较深；叶片两侧中下部具 1~2 对裂片，叶背中脉无毛而具纵棱。

见于木兰园，衣锦校区等。

树体高大，供观赏及用材等。

望春玉兰
Magnolia biondii Pampan.

木兰科　Magnoliaceae

木兰属　*Magnolia*

落叶乔木。2年生枝浅绿色。叶片椭圆状披针形至卵形，（10~18）cm×（3.5~6.5）cm，先端急尖至短渐尖，基部阔楔形或圆钝。花先叶开放，径6~8 cm；花被片9，外轮3片紫红色，中内2轮白色，外侧基部常紫红色。聚合果圆柱形，扭曲。花期3月，果期9月。

见于木兰园等。

优良的庭园绿化树种；花可提浸膏制香精。

玉兰
Magnolia denudata Desr.

木兰科 Magnoliaceae

木兰属 *Magnolia*

落叶乔木。叶片倒卵状椭圆形，（8~15）cm×（6~10）cm，先端具短突尖，基部楔形，下面被柔毛。花白色，先叶开放，径 12~15 cm，野生的在花被片背面基部常带淡紫红色；花被片 9，长圆状倒卵形，（9~11）cm×（3.5~4.5）cm。聚合果扭曲，不规则圆柱形，长 8~17 cm。花期 2~3 月，果期 9~10 月。

见于木兰园，衣锦校区等。

供庭园观赏及用材等。

附：二乔玉兰
Magnolia saulangeana Soul.-Bod

与玉兰的主要区别：叶倒卵形，先端具短急尖；花被片大小几相等，不分化，浅红至深红色。

见于各园区。

供园林观赏。

荷花玉兰
Magnolia grandiflora Linn.

木兰科　Magnoliaceae

木兰属　*Magnolia*

常绿乔木。芽、新枝、叶背及叶柄均密被绣褐色短茸毛。叶片厚革质，椭圆形或倒卵状椭圆形，（10~20）cm×（4~10）cm，先端钝或钝尖，基部楔形，边缘微反卷。花大，径 15~20 cm，色白而芳香，花被片 9~12，肉质。聚合果圆柱形，长 7~10 cm，径 4~5 cm，密被灰黄色或褐色茸毛。花期 5~6 月，果期 10~11 月。

见于各园区。

原产于北美东南部。树冠端整，花大美丽，芳香四溢，供庭园观赏。

紫玉兰
Magnolia liliflora Desr.

木兰科 Magnoliaceae

木兰属 *Magnolia*

落叶灌木。小枝褐色，皮孔明显。叶片椭圆状倒卵形或倒卵形，（8~18）cm ×（3~8）cm，先端急尖至渐尖，基部楔形，幼时上面疏生短柔毛，下面沿脉有细柔毛。花先叶或同叶开放；花被片 9，外轮 3 片短小，紫绿色，萼片状，内 2 轮紫红色。花期 3~4 月，果期 8~9 月。

见于木兰园，衣锦校区等。

著名庭园观花树种；药用等。

厚朴
Magnolia officinalis Rehd. et Wils.

木兰科 Magnoliaceae

木兰属 *Magnolia*

落叶乔木。小枝粗壮，顶芽发达。叶片宽大，常 7~12 枚集生于枝顶，长圆状倒卵形，（20~45）cm×（8~25）cm，先端短急尖或圆钝，基部楔形，侧脉 20~30 对，下面灰绿色，有白粉，被平伏柔毛。花大，与叶同放，白色，径约 15 cm；花被片 9~12，稍肉质。花期 4~5 月，果期 9~10 月。

见于木兰园、盆景园、天目园等。

国家Ⅱ级重点保护野生植物。药用、观赏及用材等。

木莲
Manglietia fordiana Oliv.

木兰科 Magnoliaceae

木莲属 *Manglietia*

常绿乔木。芽和嫩枝被锈黄色平伏柔毛。叶革质，窄倒卵状长圆形或窄椭圆形，（8~14）cm×（2.5~5.5）cm，先端渐尖，稀短尾状，基部楔形至窄楔形，下面苍灰色，侧脉 8~14 对。花被片 9，3 轮，外轮绿色，薄革质，中内 2 轮肉质，白色，较短小。聚合果卵球形，长 2.5~3.5 cm。

见于木兰园、蔷薇园等。

供园林观赏及用材等。

乐昌含笑

Michelia chapensis Dandy

木兰科 Magnoliaceae

含笑属 *Michelia*

常绿乔木。树皮灰褐色至深褐色，平滑。叶薄革质，倒卵形或长圆状倒卵形，（6.5~16）cm ×（3.5~7）cm，先端尖或锐尖，基部宽楔形，叶面深绿，有光泽，无毛，侧脉 9~15 对。花淡黄色，芳香，花被片 6，长约 3 cm。聚合果长约 10 cm。花期 3~4 月，果期 8~9 月。

见于各园区。

树形优美、枝叶翠绿，供庭园和道路绿化观赏。

附：深山含笑

Michelia maudiae Dunn

与乐昌含笑的主要区别：芽、小枝、叶背显著被白粉；花被片 9，白色。

见于木兰园、盆景园、文学花园、天目园，衣锦校区等。

供园林观赏。

含笑
Michelia figo (Lour.) Spreng.

木兰科 Magnoliaceae

含笑属 *Michelia*

常绿灌木。小枝、芽、叶柄、下面叶脉、花梗均密被黄褐色柔毛。叶片革质，倒卵形或倒卵状椭圆形，（4~8）cm×（2~4.5）cm，先端钝尖，基部楔形；叶柄长 2~4 mm；托叶痕延至叶柄顶端。花常不满开，具香蕉型浓香，花被片 6，淡黄色，边缘略紫。聚合果长 2~3.5 cm，蓇葖先端有短喙。花期 3~5 月，果期 7~8 月。

见于各园区。

花香馥郁，传统庭园芳香树种。

蜡梅
Chimonanthus praecox (Linn.) Link

蜡梅科 Calycanthaceae

蜡梅属 *Chimonanthus*

落叶灌木。幼枝近方形。单叶对生，叶片纸质，卵圆形至卵状椭圆形，（2~18）cm×（2~8）cm，先端多急尖至渐尖，上面粗糙，下面脉上疏生硬毛。花单生叶腋，先叶开放，芳香；花被片蜡黄色，基部呈爪状。果托坛状或倒卵状椭圆形，口部收缩。种子舟形，具光泽。花期 11 月至翌年 3 月，果期 6~7 月。

见于蔷薇园、金缕梅园、桂花园、天目园，衣锦校区等。

著名的冬季观花灌木。

夏蜡梅

Sinocalycanthus chinensis (W. C. Cheng et S. Y. Chang) P. T. Li

蜡梅科 Calycanthaceae

夏蜡梅属 *Sinocalycanthus*

落叶灌木。叶片薄革质，宽卵状椭圆形至倒卵形，（11~26）cm×（8~16）cm，叶面有光泽，略粗糙，叶背幼时沿脉被褐色硬毛。花单生枝顶，径 4.5~7 cm；外轮花被片 11~14，白色，边缘淡紫红色，内轮花被片 8~12，中部以上淡黄色，中部以下黄白色。果托钟状或近顶口紧缩，密被柔毛。花期 5 月，果期 10 月。

见于蔷薇园、名花园、天目园等。

花大美丽，供观赏。

樟树
Cinnamomum camphora (Linn.) Presl

樟科 Lauraceae

樟属 *Cinnamomum*

常绿乔木。全体有樟脑气味。树皮不规则纵裂。叶互生，薄革质，卵形或卵状椭圆形，（6~12）cm ×（2.5~5.5）cm，先端急尖，基部宽楔形至近圆形，边缘多上下波状，离基三出脉，脉腋有腺窝。圆锥花序腋生。果近球形，熟时紫黑色；果托杯状。花期 4~5 月，果期 8~11 月。

见于各园区。

国家Ⅱ级重点保护野生植物。观赏、珍贵用材及樟脑樟油的原料树种。

附：浙江樟
Cinnamomum chekiangense Nakai

与樟树的主要区别：树皮平滑至块片状剥落；叶互生或近对生，长椭圆形至狭卵形，先端长渐尖至尾尖，基部楔形，脉腋无腺窝；果卵形至长卵形。

见于木兰园、名花园，衣锦校区等。

供观赏、用材及芳香油原料树种等。

红楠
Machilus thunbergii Sieb. et Zucc.

樟 科 Lauraceae

润楠属 *Machilus*

常绿乔木。树皮黄褐色，浅纵裂至不规则鳞片状剥落。枝叶揉碎具鱼腥味。叶片革质，倒卵形至倒卵状披针形，（4.5~10）cm×（2~4）cm，先端突钝尖、短尾尖，基部楔形，叶下面微被白粉，中脉基部及叶柄微呈红色。聚伞圆锥花序生于新枝下部叶腋，总梗紫红色。果近球形，果梗肉质增粗，鲜红色。花期 4 月，果期 6~7 月。

见于木兰园、蔷薇园，衣锦校区等。

用材、薰香原料及园林观赏树种。

浙江楠
Phoebe chekiangensis C. B. Shang

樟科 Lauraceae

楠属 *Phoebe*

常绿乔木。小枝具棱脊，密被黄褐色毛。叶互生，革质，叶片倒卵状椭圆形至倒卵状披针形，（7~17）cm×（3.5~7）cm，先端渐尖，边缘常反卷，下面被灰褐色柔毛，脉上具长柔毛；叶柄长 1~1.5 cm，密被毛。果椭圆状卵形，蓝黑色，被白粉，宿存花被片紧包果实基部。花期 4~5 月，果期 9~10 月。

见于木兰园、果木园、翠竹园、天目园等。

国家Ⅱ级重点保护野生植物。优良的庭荫和园景树种；也供家具等高级用材。

鱼腥草
Houttuynia cordata Thunb.

三白草科 Saururaceae

蕺菜属 *Houttuynia*

多年生草本，腥味浓烈。茎直立，高 15~60 cm，下部伏地生根。叶互生；薄纸质，心形或宽卵形，（3~10）cm×（2.5~6）cm，全缘，下面紫红色，叶脉被柔毛；托叶膜质，下部与叶柄合生呈鞘状。穗状花序顶生或与叶对生，长约 2 cm，基部有 4 枚白色花瓣状总苞片。花期 5~8 月，果期 7~10 月。

见于蔷薇园、果木园、天目园，衣锦校区等。

全草入药，也作林下地被等；嫩茎叶及根状茎可供野菜。

莽草

Illicium lanceolatum A. C. Smith

八角科 Illiciaceae

八角属 *Illicium*

常绿灌木或小乔木。叶片革质，集生枝顶或呈轮生状，倒披针形至椭圆状倒披针形，（5~15）cm×（1.5~4.5）cm，先端尾尖或渐尖，基部楔形，叶脉不明显。花1~3朵腋生或近顶生，花被片10~15，红色，肉质，不等大。聚合果有蓇葖10~14，蓇葖顶端喙状内弯，长3~7 mm。花期4~6月，果期9~10月。

见于木兰园，衣锦校区等。

红花绿叶，果形奇特，供园林观赏；果有剧毒。

萍蓬草

Nuphar pumila (Timm.) DC.

睡 莲 科 Nymphaeaceae

萍蓬草属 *Nuphar*

多年生水生草本，具块状根茎。叶背、叶柄、花梗被柔毛。叶纸质，卵形或宽卵形，稀椭圆形，（6~17）cm ×（5~12）cm，先端钝圆，基部深心形，裂片圆钝，侧脉羽状，数次二歧分支；叶柄长 20~50 cm，有柔毛。花单生，黄色或略带红色，径 2~3 cm；花梗长 40~50 cm。花期 5~7 月，果期 7~9 月。

见于水景园等。

观花赏形、鲜切花等。

莲
Nelumbo nucifera Gaertn.

睡莲科 Nymphaeaceae

莲 属 *Nelumbo*

多年生水生草本。地下茎肥厚，具孔道。具浮水叶和挺水叶，叶片近圆形，径 25~90 cm，盾生，波状全缘，具粗大的放射状叶脉；叶柄具小刺。花红色、粉色或白色，径 10~25 cm；花瓣多数，多呈卵圆形，先端钝，向内各轮渐小；花托倒圆锥形，心皮多数，生于花托孔穴中。花期 6~8 月，果期 8~10 月。

见于水景园。

水生观赏植物；地下茎（藕）和莲子均供食用及药用。

睡莲
Nymphaea tetragona Georgi

睡莲科 Nymphaeaceae

睡莲属 *Nymphaea*

多年生水生草本。根状茎粗短。叶纸质，心状卵形或卵状椭圆形，（5~12）cm×（3.5~9）cm，基部深弯缺，裂片急尖，稍开展至重合，下面带红色或紫色，两面无毛，具小点。花单生，径 3~5 cm，花萼宿存，花瓣较萼片稍小，宽披针形，长 2~2.5 cm。花期 6~8 月，果期 8~10 月。

见于水景园，衣锦校区。

花叶均可观赏，根状茎含淀粉，供食用或酿酒。

毛茛
Ranunculus japonicus Thunb.

毛茛科 Ranunculaceae

毛茛属 *Ranunculus*

多年生草本。茎中空，多分枝，具长毛。基生叶为单叶，肾圆形或五角形，6 cm×7 cm，基部心形或截形，掌状 3 深裂，两面具毛；下部叶与基生叶相似，向上叶柄变短，至最上部叶变条形，全缘，无柄。聚伞花序具多花；花黄色，径 1.5~2 cm。聚合果近球形，径 4~6 mm。花期 4~6 月，果期 6~8 月。

见于各园区。

供湿地景观配置观赏及药用。

天葵

Semiaquilegia adoxoides (DC.) Makino

毛茛科　Ranunculaceae

天葵属　*Semiaquilegia*

多年生草本。块根椭圆状纺锤形。掌状三出复叶，基生或茎生；小叶扇状菱形，（0.6~2.5）cm×（1~2.8）cm，3 深裂，叶柄长 5~7 cm，基部扩大成鞘；茎生叶较小。花径 4~6 mm；萼片 5，白色或淡紫色，花瓣匙形，先端近截形，基部囊状。蓇葖果卵状长椭圆形，表面具凸起的横向脉纹。花期 3~4 月，果期 4~5 月。

见于各园区。

叶形精致奇特，颇具野趣。

南天竹

Nandina domestica Thunb.

小檗科 Berberidaceae

南天竹属 *Nandina*

常绿小灌木。茎丛生，分枝少，光滑无毛；幼时红色。三至多回奇数羽状复叶，长 30~50 cm；小叶革质，椭圆状披针形，长 2~8 cm，先端渐尖，基部楔形；叶柄基部呈鞘状抱茎。圆锥花序顶生，长逾 20 cm；花白色。浆果球形，径约 5 mm，具宿存花柱，熟时多红色。花期 5~7 月，果期 3~11 月。

见于各园区。

供庭园栽培观赏。

刻叶紫堇
Corydalis incisa (Thunb.) Pers.

紫堇科 Fumariaceae

紫堇属 *Corydalis*

二或多年生草本。根茎狭椭圆形或倒圆锥形，多须根。茎直立，多分枝，具纵棱。叶基生及茎生，具长柄，基生叶基部鞘状，叶片二至三回羽状全裂。总状花序长 3~12 cm，具花 9~26 朵，苞片楔形，一至二回羽状深裂；萼片细小；花瓣蓝紫色。蒴果条形，具一列种子。花期 3~4 月，果期 4~5 月。

见于各园区。

供早春观赏地被等。

连香树
Cercidiphyllum japonicum Sieb. et Zucc.

连香树科 Cercidiphyllaceae

连香树属 *Cercidiphyllum*

落叶乔木。树皮暗灰色或棕灰色，薄片状剥落。叶片卵形或近圆形，（2.5~3.5）cm×2 cm，先端圆或钝尖，基部心形，边缘具圆齿，齿端凹处有腺体，基出脉 3~5 条；叶柄长 1~1.3 cm。花单性异株，单生或簇生。聚合蓇葖果 2~6 个，圆柱形，微弯，长 1.5~2.0 cm，宽 2~3 mm。种子先端具透明翅。花期 4 月，果期 8 月。

见于金缕梅园、天目园，衣锦校区。

国家Ⅱ级重点保护野生植物。观赏、用材及香料工业用树种等。

二球悬铃木
Platanus × *acerifolia* (Ait.) Willd.

悬铃木科　Platanaceae

悬铃木属　*Platanus*

落叶乔木。树皮青灰色，大片状剥落。幼枝、幼叶密被星状茸毛。叶柄下生侧芽，无顶芽。叶片宽卵形或宽三角状卵形，（10~24）cm×（12~25）cm，3~5浅裂，基部截形或浅心形；全缘或具粗大的锯齿；叶柄长3~10 cm，托叶鞘状，早落。聚合果球形，通常2个串生；小坚果多数，具细长刺状花柱。

见于名花园、盆景园、杜鹃谷，衣锦校区等。

冠大荫浓，供行道树等。

小叶蚊母树
Distylium buxifolium (Hance) Merr.

金缕梅科 Hamamelidaceae

蚊母树属 *Distylium*

常绿灌木。幼枝细长，被星状毛及鳞状毛。裸芽，被褐色柔毛。叶薄革质，倒披针形或长圆状倒披针形，（3~5）cm×（1~1.5）cm，先端锐尖，基部狭窄下延，侧脉 4~6 对，全缘或先端具 1 个小齿突；叶柄极短。雌花或两性花的穗状花序腋生。蒴果卵球形，被星状毛。

见于木兰园、金缕梅园、蔷薇园等。

庭园观赏或盆栽。

枫香
Liquidambar formosana Hance

金缕梅科 Hamamelidaceae

枫 香 属 *Liquidambar*

落叶高大乔木。小枝有柔毛。叶宽卵形，长 6~12 cm，掌状 3 裂，边缘具锯齿，掌状脉 3~5 条。花单性同株；雄花成短柔荑花序、再成总状；雌花排列成头状花序，无花瓣。头状果序圆球形，径 2.5~4.5 cm，宿存花柱和萼齿针刺状。花期 3~4 月，果期 9~10 月。

见于各园区。

优良秋季彩叶树种；果入药；树干坚硬，供用材。

红花檵木
Loropetalum chinense var. *rubrum* Yieh

金缕梅科 Hamamelidaceae

檵木属 *Loropetalum*

常绿灌木或小乔木。多分枝，被星状毛。叶暗红色，革质，卵形，（2~5）cm×（1.5~2.5）cm，基部偏斜，全缘。花紫红色，3~8朵簇生；萼筒杯状，萼齿卵形；花瓣条形。蒴果卵圆形，被褐色星状茸毛；萼筒长为蒴果的2/3。花期3~4月。

见于各园区。

供花篱、色块和园景观赏。

银缕梅

Parrotia subaequalis (H. T. Chang) R. M. Hao et H. T. Wei

金缕梅科 Hamamelidaceae

银缕梅属 *Parrotia*

落叶小乔木。幼枝、花序梗、子房、蒴果被星状毛。叶片薄革质，倒卵形，先端钝，基部圆形，边缘中上部具波状齿，下部全缘，侧脉直达齿端，脉腋具簇毛。头状花序腋生或顶生，花单性，无花瓣。蒴果扁球形，具星状毛。花期3~4月，果期9~10月。

见于金缕梅园、文学花园、天目园，衣锦校区。

国家Ⅰ级重点保护野生植物。树姿苍老，秋叶黄或暗红；材质优良。

杜仲
Eucommia ulmoides Oliv.

杜仲科 Eucommiaceae

杜仲属 *Eucommia*

落叶乔木。全株富含白色胶质丝。树皮灰褐色，纵裂。枝曲折、皮孔明显。叶片椭圆状卵形，（6~16）cm×（4~9）cm，先端渐尖，基部宽楔形或近圆形，边缘具细锯齿。花单性异株；雄花簇生，雌花单生。小坚果扁平具翅，长椭圆形，（3~3.5）cm×（1~1.3）cm，内具1粒种子。花期4月，果期9~10月。

见于松柏园、文学花园、天目园，衣锦校区等。

我国特有树种，国家Ⅱ级重点保护野生植物。树皮入药；树形美观供观赏；杜仲胶可作为海底电缆等的重要材料。

朴树
Celtis sinensis Pers.

榆科　Ulmaceae

朴属　*Celtis*

落叶乔木。树皮粗糙而不裂。小枝密被毛。叶片宽卵形、卵状长椭圆形，（3.5~10）cm×（2~5）cm，先端急尖，基部偏斜，三出脉，中部以上具浅锯齿；叶柄长5~10 mm，被柔毛。核果，单生或2~3个并生叶腋，近球形，径4~6 mm，熟时红褐色，果梗与叶柄近等长。花期4月，果期10月。

见于各园区。

冠大荫浓，秋叶泛黄，供“四旁”绿化及庭荫树，也作盆景栽培。

榔榆
Ulmus parvifolia Jacq.

榆科　Ulmaceae

榆属　*Ulmus*

落叶乔木。树皮灰褐色，不规则鳞片状剥落。叶片窄椭圆形至倒卵形，（1.5~5.5）cm×（1~3）cm，先端短尖或略钝，基部偏斜，边缘多单锯齿，羽状脉；叶柄长 2~6 mm。花秋季开放，簇生于叶腋。翅果椭圆形或卵形，长约 1 cm，果梗纤细。花期 9 月，果期 10 月。

见于金缕梅园、文学花园、盆景园，衣锦校区等。

树姿苍劲，宜作庭荫树、盆景树；也供纤维原料及用材等。

附：杭州榆
Ulmus changii Cheng

与榔榆的主要区别：树皮不裂；叶片倒卵状长圆形至圆形，先端短尖或长渐尖；花果期 3~4 月。

见于槭树园等。

树形端正圆满，宜作庭园观赏树种；木材坚硬供用材。

大叶榉
Zelkova schneideriana Hand.-Mazz.

榆科 Ulmaceae

榉属 *Zelkova*

落叶乔木。树皮褐色。小枝密被灰色柔毛。叶片卵形至椭圆状卵形，(3.6~12.2) cm×(1.3~4.7) cm，先端渐尖，基部宽楔形或圆形，下面密被淡灰色柔毛，单锯齿钝尖，近桃形，羽状脉，侧脉 8~14 对，达齿端；叶柄短，密被毛。坚果，小而偏斜，具网肋。花期 3~4 月，果期 10~11 月。

见于木兰园、蔷薇园、槭树园、盆景园、文学花园、天目园，衣锦校区等。

国家Ⅱ级重点保护野生植物。树姿优美，秋叶暗红色或黄色，供观赏；也供高级家具等。

葎草
Humulus scandens (Lour.) Merr.

大麻科 Cannabaceae

葎草属 *Humulus*

多年生缠绕草本。茎具纵棱，与叶柄均具倒生小皮刺。叶多对生，叶片纸质，近圆形，宽 3~11 cm，基部心形，常掌状 5 深裂，边缘有粗锯齿，上面有白色刺毛，下面具刺毛、柔毛及黄色腺体；五出掌状叶脉。雌雄异株；雄花排成圆锥花序，雌花排成短穗状花序。瘦果淡黄色，卵圆形。花果期 8~9 月。

见于各园区。

纤维植物，全草药用。

构树

Broussonetia papyrifera (Linn.) L' Hér. ex Vent.

桑科 Moraceae

构属 *Broussonetia*

落叶乔木。全株具乳汁。树皮灰色，平滑。小枝粗壮，密被长毛。叶互生，枝端者常对生，叶片宽卵形，（7~18）cm×（4~10）cm，先端尖，基部圆形或心形，多 3~5 不规则深裂，两面被毛；叶柄长，密被毛。花雌雄异株；雄花成柔荑花序，雌花成头状花序。聚花果球形，径约 3 cm，橙红色。花期 5 月，果期 8~9 月。

见于木兰园、金缕梅园、盆景园、天目园，衣锦校区等。

多毛滞尘，对有毒气体抗性较强，可选雄株供工矿区绿化；纤维植物；叶、树皮入药。

薜荔
Ficus pumila Linn.

桑科　Moraceae

榕属　*Ficus*

常绿木质藤本，幼时以不定根攀附。枝具环状托叶痕。叶二型，营养枝上的叶片心状卵形，长约 2.5 cm 或更短；果枝上的叶片较大，革质，卵状椭圆形，长 4~10 cm，先端钝，全缘，下面被短柔毛，网脉突起呈蜂窝状；叶柄粗短。隐头花序长椭圆形，约 5 cm × 3 cm。花期 5~6 月，果期 9~10 月。

见于盆景园，衣锦校区等。

供园林山石墙垣绿化；瘦果可做食用凉粉。

山核桃
Carya cathayensis Sarg.

胡 桃 科　Juglandaceae

山核桃属　*Carya*

落叶乔木。树皮灰褐、平滑。裸芽；芽、小枝、叶下面、果皮均被褐黄色腺鳞。羽状复叶；小叶 5 或 7，小叶片椭圆状披针形或倒卵状披针形，（7~22）cm×（2~5.5）cm，先端渐尖，基部楔形。花单性同株；雄花成柔荑花序，3 条成束，下垂，雌花 1~3 生于枝顶。果卵球形，径 2.8~4.2 cm，具 4 纵棱。花期 4~5 月，果期 9 月。

见于果木园、天目园。

浙皖特产，著名的木本油料及干果；用材及风景树等。

附：薄壳山核桃
Carya illinoensis (Wangenh.) K. Koch

与山核桃的主要区别：树皮灰色，纵裂；鳞芽；羽状复叶，小叶 11~17，小叶片长椭圆状披针形，侧生者近镰形；果长圆形。

见于蔷薇园、果木园，衣锦校区。

原产于北美密西西比河河谷及墨西哥。果实商品名为碧根果，富含油脂供食用；也供用材及庭院绿化和防护林。

枫杨
Pterocarya stenoptera C. DC.

胡桃科 Juglandaceae

枫杨属 *Pterocarya*

落叶乔木。树皮浅灰色至深灰色。裸芽；小枝髓心片状分隔。多偶数羽状复叶，叶轴两侧具窄翅，小叶常 10~20 枚，小叶片长椭圆形或长圆状披针形，（4~12）cm×（2~4）cm，先端短尖或钝，基部偏斜，边缘具细锯齿。花单性同株；雌、雄花序均单生，下垂。坚果具 2 个斜上展翅。花期 4 月，果期 8~9 月。

见于金缕梅园，衣锦校区等。

固堤护岸和行道树种；也供用材、栲胶等。

杨梅

Myrica rubra (Lour.) Sieb. et Zucc.

杨梅科 Myricaceae

杨梅属 *Myrica*

常绿乔木。树皮灰色，老时浅纵裂。嫩枝、叶常被圆形腺鳞。叶革质，常为椭圆状倒披针形，（5~14）cm×（1~4）cm，下面疏被黄色腺体。雌雄异株；雄花序1条至数条生于叶腋，暗红色；雌花序常单生叶腋。核果球形，表面具乳头状凸起，熟时紫黑、紫红或白色，多汁液。花期3~4月，果期6~7月。

见于各园区。

果多汁、酸甜，生食或制蜜饯、酿酒等；庭园观赏及栲胶树种。

板栗
Castanea mollissima Bl.

壳斗科 Fagaceae

栗 属 *Castanea*

落叶乔木。树皮灰褐色，深纵裂。无顶芽。叶二列互生，长椭圆形至长椭圆状披针形，（8~20）cm×（4~7）cm，先端短渐尖，基部圆形或宽楔形，下面具灰白色星状毛；羽状叶脉，侧脉达芒状齿端。花序直立；雌花生于雄花序的基部，常3朵集生于一总苞内。壳斗近球形，密生分枝刺，内有2~3坚果。花期6月，果期9~10月。

见于金缕梅园、天目园，衣锦校区。

著名干果，被誉为“千果之王”；也供用材及栲胶。

苦槠

Castanopsis sclerophylla (Lindl.) Schott

壳斗科 Fagaceae

栲 属 *Castanopsis*

常绿乔木。树皮灰褐，浅裂。叶二列互生，厚革质，长椭圆形至卵状长圆形，（7~14）cm×（2~6）cm，边缘中部以上具疏锯齿，下面具银灰色蜡质层。花序直立；雌花单生于总苞内，壳斗深杯状，径 1.2~1.5 cm，几全包坚果，苞片瘤状突起。坚果近球形。花期 4~5 月，果期 10~11 月。

见于金缕梅园、蔷薇园、果木园、文学花园，衣锦校区等。

用材；园林观赏；果炒食、酿酒或制苦槠豆腐。

青冈
Cyclobalanopsis glauca (Thunb.) Oerst.

壳斗科 Fagaceae

青冈属 *Cyclobalanopsis*

常绿乔木。树皮深褐色，常不裂。叶互生，薄革质，倒卵状椭圆形或椭圆形，长 6~13 cm，中部以上具锯齿，下面被灰白色蜡粉和平伏毛。雄花序下垂；壳斗单生或 2~3 个集生，碗形，苞片合生成 5~8 条同心环带。坚果卵形或椭圆形，果脐隆起。花期 4~5 月，果期 9~10 月。

见于金缕梅园、蔷薇园、文学花园，衣锦校区等。

用材、鞣料和淀粉用；重要的亚热带常绿阔叶林建群种。

短尾柯
Lithocarpus brevicaudatus (Skan) Hayata

壳斗科　Fagaceae

石栎属　*Lithocarpus*

常绿乔木。小枝淡绿，具沟槽。叶片硬革质，全缘，长椭圆形，（12~14）cm×（2.5~6）cm，先端渐尖或钝尖，基部楔形。雄花序圆锥状分枝；雌花序单一，壳斗浅盘状，苞片三角形，背部有纵脊隆起。坚果卵形或近球形，密集，果脐大而内陷。花期 9~10 月，果翌年 10~11 月成熟。

见于金缕梅园、蔷薇园、盆景园、文学花园，衣锦校区等。

供用材、工业淀粉等。

附：柯
Lithocarpus glaber (Thunb.) Nakai

与短尾柯的主要区别：小枝密被灰黄色细柔毛；叶下面被灰白色蜡质层。

见于金缕梅园、蔷薇园、槭树园、盆景园、文学花园，衣锦校区等。

供用材、工业淀粉等。

白栎
Quercus fabri Hance

壳斗科 Fagaceae

栎 属 *Quercus*

落叶乔木。叶片倒卵形或倒卵状椭圆形，（6~16）cm×（2.5~8）cm，先端钝，基部楔形，边缘浅波状，幼时被灰黄色星状茸毛，后仅下面有毛；叶柄长 3~6 mm。雄花成下垂的柔荑花序；雌花单生或簇生，壳斗碗状，苞片卵状披针形。坚果长椭圆形，（1.5~1.8）cm×（0.8~1）cm，果脐隆起。花期 5 月，果期 10 月。

见于蔷薇园、文学花园、天目园，衣锦校区等。

用材、工业淀粉、栲胶、培植香菇等。

麻栎
Quercus acutissima Carr.

壳斗科 Fagaceae

栎 属 *Quercus*

落叶乔木。树皮灰黑色，不规则纵裂。叶片长椭圆状披针形，（9~16）cm×（2.5~4.5）cm，先端渐尖，基部宽楔形或圆形，叶缘具芒状锯齿，下面淡绿色无毛或仅在脉腋有簇毛；叶柄长 1.5~3 cm。雄花成下垂的柔荑花序；雌花单生于总苞，苞片钻形反曲。坚果近球形，果脐大而隆起。花期 5 月，果期翌年 9~10 月。

见于金缕梅园，衣锦校区等。

供用材、栲胶、淀粉、绿化等。

亮叶桦
Betula luminifera H. Winkl.

桦木科 Betulaceae

桦木属 *Betula*

落叶乔木。树皮淡黄褐色，平滑不裂，具横生皮孔。小枝具毛，疏生树脂腺体；枝皮具清香。叶片宽三角状卵形或长卵形，（4~10）cm ×（2.5~6）cm，先端长渐尖，基部圆形至近心形或略偏斜，边缘具重锯齿，叶下面具毛和腺点。花单性同株。果序单生叶腋，长而下垂。花期 3~4 月，果期 5 月。

见于天目园，衣锦校区等。

供用材、栲胶、油脂、药用等。

普陀鹅耳枥
Carpinus putoensis Cheng

桦木科 Betulaceae

鹅耳枥属 *Carpinus*

落叶乔木。树皮灰白色。小枝被长毛，具黄褐色突起大皮孔。叶片厚纸质，椭圆形至宽椭圆形，（3~10）cm ×（2~5）cm，先端急尖或渐尖，基部圆形至微心形，边缘具重锯齿，两面被毛，侧脉 11~15 对。花单性同株，柔荑花序。果序长 4~8 cm，果苞长 2.5~3 cm，中裂片有锯齿，内侧基部具小裂片。小坚果，肋脉 6~9 条，具柔毛和腺体。

见于金缕梅园、天目园。

特产于舟山普陀山，国家 I 级重点保护野生植物。

垂序商陆
Phytolacca americana Linn.

商陆科 Phytolaccaceae

商陆属 *Phytolacca*

多年生草本。根肉质，圆锥形。茎直立，多分枝，常深红色。叶片纸质，卵状长椭圆形至长椭圆状披针形，（8~20）cm×（3.5~10）cm，先端尖，基部楔形；叶柄长 3~4 cm。总状花序顶生或与叶对生，下垂；花两性，乳白色，微带红晕；雄蕊 10。果序下垂；浆果扁球形，熟时紫黑色。花果期 6~10 月。

见于各园区。

原产于北美，现多归化。根入药；嫩叶具小毒，处理后可供野菜。

土荆芥
Chenopodium ambrosioides Linn.

藜科 Chenopodiaceae

藜属 *Chenopodium*

一年生草本，具浓烈气味。茎直立，多分枝，具棱，常被腺毛。叶片长圆状披针形至披针形，长达 15 cm，基部渐狭，边缘具不整齐锯齿，上部叶较狭小而近全缘，下面散生黄褐色腺点，沿脉疏生柔毛。花两性及雌性，常 3~5 朵簇生于苞腋，再成穗状花序。花果期 6~10 月。

偶见于各园区。

全草药用。

牛膝
Achyranthes bidentata Bl.

苋 科 Amaranthaceae

牛膝属 *Achyranthes*

多年生草本。茎直立，略呈四棱形，绿色或带紫红色；节部膝状膨大。叶对生，叶片卵形、椭圆形或椭圆状披针形，（5~12）cm ×（2~6）cm，先端尖，基部楔形或宽楔形，两面被柔毛；叶柄短。穗状花序腋生或顶生，长达 12 cm，花序轴密被毛。胞果长圆形。花期 7~9 月，果期 9~11 月。

见于各园区。

根供药用。

喜旱莲子草

Alternanthera philoxeroides (Mart.) Griseb

苋　科 Amaranthaceae

莲子草属 *Alternanthera*

多年生草本。茎匍匐或上升，常中空，多分枝；节部生根，密被白色长柔毛。叶对生，叶片椭圆状披针形或倒卵状长圆形，（1~6.5）cm×（0.5~2）cm，先端急尖或圆钝，基部渐狭成短柄，全缘或有锯齿，两面无毛或疏生柔毛。头状花序多单生于叶腋，总梗长 1~5 cm。花期 6~9 月，果期 8~10 月。

见于各园区。

原产于南美，多归化。全草药用，也供绿肥、饲料；嫩叶可作野菜。

马齿苋
Portulaca oleracea Linn.

马齿苋科 Portulacaceae

马齿苋属 *Portulaca*

一年生草本。茎肉质，多分枝，常平卧或斜升。叶互生，肉质；叶片倒卵形，（1~2.5）cm×（0.5~1.5）cm，先端钝圆或截形，基部楔形，中脉稍隆起；叶柄粗短。花 3~5 朵簇生于枝端，径 4~5 mm，无梗，花瓣 5，黄色，先端微凹。蒴果卵球形。花期 6~8 月，果期 7~9 月。

见于各园区。

全草药用，也作野菜。

球序卷耳

Cerastium glomeratum Thuill.

石竹科 Caryophyllaceae

卷耳属 *Cerastium*

一年生草本，密被白色长柔毛。茎直立，丛生，高 10~25 cm，上部混生腺毛。下部叶片倒卵状匙形，基部渐狭成短柄，略抱茎；上部叶片卵形至长圆形，先端钝或略尖，近无柄。二歧聚伞花序簇生枝端，幼时密集成球状；花白色。蒴果圆柱形，长为宿萼 2 倍以上。花期 4 月，果期 5 月。

见于各园区。

习见杂草，可药用。

石竹
Dianthus chinensis Linn.

石竹科 Caryophyllaceae

石竹属 *Dianthus*

多年生草本。茎直立，丛生。叶片条形或条状披针形，（3~7）cm×（0.4~0.8）cm，先端渐尖，基部渐狭抱茎，全缘或有细锯齿，有时具睫毛，具 3 脉。花色丰富，单生或组成顶生聚伞花序；苞片 4~6，花瓣 5，边缘有不整齐的浅锯齿，喉部有斑纹或疏生须毛。花期 5~7 月，果期 8~9 月。

偶见于各园区。

广泛栽培供观赏。

牛繁缕

Myosoton aquaticum (Linn.) Moench

石竹科 Caryophyllaceae

鹅肠菜属 *Myosoton*

二年或多年生草本。茎具棱，略紫红，下部常匍匐，上部直立、被毛。叶对生；基生叶较小，有叶柄，上部的叶片椭圆状卵形或宽卵形，（1~4）cm×（0.5~2）cm，先端渐尖，基部稍抱茎。二歧聚伞花序顶生；花两性，白色，萼片 5，花瓣 5，雄蕊 10，花柱 5。花期 4~5 月，果期 5~6 月。

见于各园区。

全草入药；嫩茎叶供野菜。

附：繁缕

Stellaria media (Linn.) Cyr.

与牛繁缕的主要区别：茎一侧具 1 列短柔毛；雄蕊 5，花柱 3。

见于各园区。

供药用等。

漆姑草

Sagina japonica (Sw.) Ohwi

石竹科 Caryophyllaceae

漆姑草属 *Sagina*

一至二年生丛生状小草本。茎基部分枝，稍铺散。叶条形，（5~15）mm × 1 mm，基部有薄膜，连成短鞘状，具 1 脉。花常单生叶腋或枝端；花梗长 1~2.5 cm，疏生腺毛；花瓣 5，白色。蒴果广卵形，稍长于宿存的萼片，常 5 瓣裂。花期 4~5 月，果期 5~6 月。

见于各园区。

全草入药。

何首乌

Fallopia multiflora (Thunb.) Harald.

蓼　科 Polygonaceae

何首乌属 *Fallopia*

多年生缠绕草本。块根肥厚，纺锤形，黑褐色。茎细长，具沟纹，下部木质化，上部多分枝。叶片狭卵形至心形，（1.2~9.8）cm×（2.2~9）cm，先端尖，基部心形，边缘略呈波状，两面粗糙；托叶鞘筒状，长 4~6 mm。大型圆锥花序，顶生或腋生；花被白色。瘦果长约 3 mm，藏于宿存花被内。花期 8~10 月，果期 10~11 月。

见于各园区。

块根及茎叶入药，也供野菜用。

金荞麦
Fagopyrum dibotrys (D. Don) Hara

蓼 科 Polygonaceae

荞麦属 *Fagopyrum*

一年生草本。茎直立，中空，多分枝。茎、叶缘、总花梗具乳头状突起。叶片三角形或卵状三角形，（2.9~6）cm×（2~5.6）cm，先端渐尖，基部心形或戟形；下部者叶柄长，上部近无柄；托叶鞘短筒状，长约 3.5 mm。花被白色或淡红色。瘦果卵状三棱形。花期 5~9 月，果期 7~11 月。

见于盆景园、翠竹园、天目园等。

国家Ⅱ级重点保护野生植物。药用、蜜源植物。

辣蓼

Polygonum hydropiper Linn.

蓼科 Polygonaceae

蓼属 *Polygonum*

一年生草本。茎直立或下部伏卧，多分枝，节间短，节部膨大。叶片嚼之具辛辣味，披针形或长圆状披针形，两面密被腺点，沿中脉及叶缘有短伏毛；托叶鞘筒状，顶端有长缘毛。穗状花序长 5~10 cm，常下垂；花稍稀疏间断，基部常有 1~2 朵花包藏在托叶鞘内，花白色略带红晕，有明显腺点。花果期 5~11 月。

见于各园区。

全草入药。

杠板归
Polygonum perfoliatum Linn.

蓼科 Polygonaceae

蓼属 *Polygonum*

一年生蔓性草本。茎、叶柄及叶片下面脉上常具倒生小皮刺。茎细，长达 2 m，具四棱，多分枝。叶片三角形，盾生，（2.4~4.6）cm×（2.6~5.7）cm；托叶鞘贯茎，叶状，近圆形。穗状花序顶生或茎上部腋生；花白色至淡红色。瘦果圆球形，径 2~3 mm，深蓝色至黑色，具光泽。花果期 6~11 月。

见于各园区。

全草入药，嫩茎叶可供野菜。

羊蹄

Rumex japonicus Houtt.

蓼 科 Polygonaceae

酸模属 *Rumex*

多年生草本。主根粗大，黄色。茎粗壮，具沟纹，常不分枝。基生叶具长柄，长椭圆形，（13~34）cm×（4~12）cm，先端急尖，基部心形，边缘波状，茎生叶较小，近无柄；托叶鞘筒状，长 3~5 cm。花两性，轮生，密集成狭长圆锥花序，花被片淡绿色。瘦果宽卵形。花果期 4~6 月。

见于各园区。

根入药，具小毒。

浙江红山茶
Camellia chekiangoleosa Hu

山茶科 Theaceae

山茶属 *Camellia*

常绿灌木至小乔木。叶互生，厚革质，长圆形至倒卵形，（8~12）cm×（2.5~6）cm，边缘具较疏的细锯齿。花多单生于枝顶，无梗，红色至淡红色，径 8~12 cm；苞片及萼片 11~16，外侧密被白绢毛；花瓣 6~8，雄蕊多成 3 轮，外轮与花瓣合生。蒴果木质。花期 10 月至翌年 4 月，果期 9 月。

见于木兰园、山茶园等。

花大色艳，供观赏；种子含油、供食用及工业用。

毛花连蕊茶
Camellia fraterna Hance

山茶科 Theaceae

山茶属 *Camellia*

常绿灌木。嫩枝多被褐毛。叶片椭圆形至倒卵状椭圆形，（4~8.5）cm×（1.5~3.5）cm，先端渐尖，基部楔形，边缘有锯齿，沿中脉有毛；叶柄被毛。花 1~2 朵顶生兼腋生，白色或带红晕，径 3~4 cm；花萼 5，具长丝毛，常超出萼尖，花瓣 5~6，具白毛。蒴果近球形至球形，径 1~1.8 cm。花期 3 月，果期 10~11 月。

见于蔷薇园、山茶园等。

花芳香而繁多，供观赏；也是蜜源植物。

红山茶
Camellia japonica Linn.

山茶科 Theaceae

山茶属 *Camellia*

乔木或灌木状。叶片常椭圆形至卵状长椭圆形，（6~12）cm×（3~7）cm，先端急尖至渐尖，基部楔形至宽歪楔形，边缘具锯齿，下面散生淡褐色木栓疣。花单生或成对着生于枝顶，红色或稍淡，径 5~6 cm，几无梗；苞片及萼片 9~13，两面均被白色细绢毛，花后逐渐脱落；子房无毛。蒴果球形，径 3~4 cm。花期 3~4 月，果期 9~10 月。

见于各园区。

传统名花，品种繁多，花大色艳，供观赏；种子也可榨油。

茶

Camellia sinensis (Linn.) O. Ktze.

山茶科 Theaceae

山茶属 *Camellia*

常绿灌木至小乔木。芽、嫩枝具细柔毛。叶片薄革质，常椭圆形至长椭圆形，（4~10）cm×（1.8~4.5）cm，先端短急尖，常钝或微凹，基部楔形，边缘有锯齿，叶面较皱，网脉明显。花 1~3 朵腋生或顶生，白色，芳香，萼片 5~6，宿存；花瓣 5~8；花梗较长而下弯。花期 10~11 月，果期翌年 10~11 月。

见于果木园、名茶园、天目园等。

嫩叶制茶，世界三大饮品之一；种子榨油，食用及工业用；蜜源植物。

木荷
Schima superba Gardn. et Champ.

山茶科 Theaceae

木荷属 *Schima*

常绿乔木。树干挺拔，树冠圆整。枝叶揉碎具特有气味；叶厚革质，卵状椭圆形至长椭圆形，（8~14）cm×（3~5）cm，先端急尖至渐尖，基部楔形，边缘有浅钝齿。花白色，单独腋生或数朵集生枝顶，径约 3 cm，芳香，萼片内侧边缘被毛；花瓣基部外面被毛，子房密被茸毛。蒴果，木质，5 裂。花期 6~7 月，果期翌年 10~11 月。

见于山茶园、桂花园、天目园、杜鹃谷等。

建筑、家具用材；又可供园林绿化及防火树种。

金丝桃
Hypericum monogynum Linn.

藤 黄 科 Guttiferae

金丝桃属 *Hypericum*

半常绿灌木，全株无毛。叶片长椭圆形或长圆形，长 3~8 cm，先端钝尖，基部渐狭、楔形或圆，密生透明腺点。花单生或组成顶生聚伞花序，金黄色，径 3~5 cm；雄蕊多数，基部合生成 5 束，与花瓣等长或稍长；子房 5 室，花柱纤细，顶端 5 裂。花期 6~7 月，果期 8~9 月。

见于蔷薇园、山茶园、盆景园等。

花美丽，供观赏。

秃瓣杜英
Elaeocarpus glabripetalus Merr.

杜英科 Elaeocarpaceae

杜英属 *Elaeocarpus*

常绿乔木。树冠常年有零星红叶。叶厚纸质，倒披针形，（7~13）cm×（2~4.5）cm，先端短渐尖，基部楔形，边缘有浅钝齿，侧脉 7~8 对；叶柄短。总状花序常生于无叶的去年生枝上；萼片 5，花瓣 5，白色，上端细裂至中部呈流苏状。核果椭圆形，两端尖，长 10~15 mm，径 5~8 mm。花期 7 月，果期 10~11 月。

见于各园区。

供家具、胶合板用材；四季挂零星红叶，供观赏和“四旁”绿化等。

梧桐

Firmiana simplex (Linn. f.) F.W. Wight

梧桐科 Sterculiaceae

梧桐属 *Firmiana*

落叶乔木。树皮青绿色，有纵褶。叶心形，掌状 3~5 裂，径 15~30 cm；叶柄与叶片近等长。圆锥花序顶生；花单性，无花瓣，花萼淡黄绿色，裂片条形，反卷，外面密生淡黄色短柔毛，内面仅在基部被柔毛。蓇葖果，有柄，成熟前开裂成匙状，外面常被短茸毛。种子圆球形。花期 6 月，果期 10~11 月。

见于山茶园、文学花园，衣锦校区等。

作观赏及纤维树种；种子可炒食。

马松子
Melochia corchorifolia Linn.

梧 桐 科 Sterculiaceae

马松子属 *Melochia*

亚灌木状草本。幼枝与叶柄有星状毛。叶薄纸质，表面粗糙，具锯齿，偶3浅裂，卵形或披针形，先端多急尖，基部圆形至心形，下面略被星状短柔毛；托叶条形。花序顶生或腋生；萼片外面被长柔毛和刚毛，花瓣白色至淡红色，基部收缩，子房密被柔毛。蒴果圆球形，五棱，被长柔毛。花期夏秋。

偶见于各园区。

木芙蓉

Hibiscus mutabilis Linn.

锦葵科 Malvaceae

木槿属 *Hibiscus*

落叶灌木至小乔木。植物体多密被星状毛和细绵毛。叶宽卵形至圆卵形或心形，直径 10~15 cm，常 5~7 裂，主脉 7~11 条；叶柄长 5~20 cm。花单生枝端叶腋，花梗上端具节，小苞片条形，萼钟形，裂片 5；花初开时白色至淡红色或深红色，径约 8 cm，雄蕊柱长 2.5~3 cm。花期 8~10 月。

见于蔷薇园、水景园，衣锦校区等。

花大、色艳而丰富，供观赏等。

牡丹木槿
Hibiscus syriacus Linn. 'Paeoniflorus'

锦葵科 Malvaceae

木槿属 *Hibiscus*

落叶灌木。叶片菱形至三角状卵形，3 裂或不裂，先端钝，基部楔形，边缘具不整齐粗齿。花单生枝端叶腋，粉红色至淡紫红色，重瓣，径 7~9 cm，花梗 4~14 mm，副萼 6~8 枚，条形，花萼钟状，花瓣楔状倒卵形，均被毛，雄蕊柱长约 3 cm。花果期 7~11 月。

见于文化林、文学花园、盆景园，衣锦校区等。

花繁色艳，花期长，供观赏；花蕾供野菜等。

三色堇
Viola tricolor Linn.

堇菜科 Violaceae

堇菜属 *Viola*

多年生草本作二年生栽培。地上茎具棱。叶长卵形至长圆状披针形，先端圆钝，基部圆，基生叶与上部茎生叶具长柄，下部者近无柄；托叶叶状，羽状深裂，长1~4 cm。花大，径3.5~6 cm，每茎有3~10朵，每花常有紫、白、黄三色。蒴果无毛，椭圆形，长8~12 mm。

偶见于各园区。

原产于欧洲。供观赏。

盒子草
Actinostemma tenerum Griff.

葫芦科 Cucurbitaceae

盒子草属 *Actinostemma*

纤弱攀缘草本，长达 2 m。卷须分 2 叉。叶片戟形、披针状三角形或卵状心形，（5~12）cm×（3~8）cm，边缘疏生锯齿；叶柄长 5 cm。雌雄同株；雄花序总状，有时圆锥状，雌花单生或稀雌雄同序。果卵形，长 1.6~2.5 cm，自近中部开裂，常具 2 种子，具不规则凸起。花期 7~9 月，果期 9~11 月。

见于水景园、天目园等。

种子及全草入药。

响叶杨
Populus adenopoda Maxim.

杨柳科　Salicaceae

杨　属　*Populus*

落叶乔木。树皮纵裂，具近四棱形皮孔。叶片卵状圆形或卵形，（5~15）cm×（4~6）cm，基部宽楔形、截形、圆形或浅心形，边缘有圆钝内弯腺齿，幼时两面被毛；叶柄顶端有 2 枚红褐色杯状腺体。雌雄异株；柔荑花序粗大而下垂。蒴果，开裂；种子随种毛（柳絮）飘散。花期 3~4 月，果期 4~5 月。

见于名花园、盆景园等。

用作造纸用材；园林绿化，雄株为宜，以免飞絮。

意杨
Populus × *canadensis* Moench 'I-214'

杨柳科 Salicaceae

杨 属 *Populus*

落叶乔木。树干通直、纵向开裂。小枝具棱，枝髓星形。叶片卵状三角形，具锯齿，长枝和萌枝叶较大，先端渐尖，基部心形，常具 2~4 腺体；叶柄扁平较长。柔荑花序下垂，常先叶开放。花期 4 月，果期 5~6 月。

见于盆景园、翠竹园，衣锦校区等。

行道树及防护林树种。

金丝垂柳
Salix × *aureo-pendula* 'J841'

杨柳科 Salicaceae

柳 属 *Salix*

落叶乔木。树冠长卵圆形或卵圆形。枝条细长下垂；小枝黄色或金黄色。叶狭长披针形，长 9~14 cm，先端渐尖，基部楔形，有时歪斜，缘有细锯齿。新梢、主干逐渐变黄，冬季通体金黄色。

见于水景园，衣锦校区等。

树姿柔美，供观赏。

花叶杞柳

Salix integra 'Hakuro Nishiki'

杨柳科 Salicaceae

柳 属 *Salix*

落叶灌木。叶近对生或对生，萌枝之叶有时3枚轮生，椭圆状长圆形，先端短渐尖，基部圆形或微凹，全缘或上部有尖齿；新叶先端粉白色，基部黄绿色，密布白色斑点，之后叶色变为黄绿色，带粉白色斑点。

见于名花园、文学花园。

叶色丰富，供观赏，用于绿篱、河道及道路两侧绿化等。

醉蝶花

Cleome spinosa Jacq.

白花菜科　Capparidaceae

白花菜属　*Cleome*

一年生草本。有特殊气味。茎、叶两面、叶柄及花梗有腺毛。掌状复叶有小叶5~7枚，长圆状披针形；叶柄长达10 cm，基部具托叶变成的小钩刺。总状花序；花瓣紫红色或白色，具长瓣柄；雄蕊6，较花瓣长2~3倍；子房具长柄。蒴果圆柱形。花、果期7~9月。

偶见于各园区。

原产于南美。供观形赏花等。

荠菜
Capsella bursa-pastoris (Linn.) Medikus

十字花科 Cruciferae

荠 属 *Capsella*

一年或二年生草本。基生叶长圆形，多大头状羽裂；茎生叶互生，长圆形或披针形，先端钝尖，基部箭形，抱茎，边缘具疏锯齿或近全缘。总状花序初呈伞房状，花白色。短角果，倒三角状心形。花期 3~4 月，果期 6~7 月，或直至秋季。

见于各园区。

传统野菜，全株入药。

碎米荠
Cardamine hirsuta Linn.

十字花科 Cruciferae

碎米荠属 *Cardamine*

一年或二年生草本。茎直立或斜升，被硬毛，下部有时带淡紫色并密被白色粗毛。羽状复叶，基生叶与茎下部叶具柄，有小叶 2~5 对，边缘有锯齿，两面及边缘均被疏柔毛。总状花序顶生，花白色。长角果条形，稍扁，长达 3 cm。花期 2~4 月，果期 3~5 月。

见于各园区。

嫩茎叶可供野菜。

二月蓝
Orychophragmus violaceus (Linn.) O. E. Schulz

十字花科 Cruciferae

诸葛菜属 *Orychophragmus*

一年或二年生草本。茎直立，浅绿色或带紫色。基生叶及下部茎生叶大头羽状全裂，顶裂片近圆形，（3~7）cm×（2~3.5）cm，先端钝，基部心形，有钝齿，侧裂片 2~6 对，长 3~10 mm，疏生细柔毛，上部叶长圆形或窄卵形，长 4~9 cm，基部耳状，抱茎，边缘有不整齐牙齿。花紫色、浅红色或褪成白色。长角果条形。花期 3~5 月，果期 5~6 月。

见于各园区。

供地被、观花。

蔊菜

Rorippa indica (Linn.) Hiern

十字花科 Cruciferae

蔊菜属 *Rorippa*

一年或二年生草本。茎直立或斜生，有分枝，具纵棱槽，有时带紫色。叶形多变，基生叶和茎下部叶片大头状羽裂，(7~12) cm × (1~3) cm，侧生裂片 2~5 对，具叶柄；茎上部叶向上渐小，边缘具疏齿，基部有短叶柄或稍耳状抱茎。总状花序；花黄色。长角果条状圆柱形，(1~2) cm × (1~1.5) cm，直伸或稍内弯。花果期 4~11 月。

见于各园区。

嫩茎叶可供野菜。

满山红
Rhododendron mariesii Hemsl. et Wils.

杜鹃花科 Ericaceae

杜鹃花属 *Rhododendron*

落叶灌木。枝皮灰色；二年生枝光滑无毛。叶多 3 枚集生于枝顶；叶片纸质或厚纸质，卵形、宽卵形或卵状椭圆形，（3.5~7.5）cm ×（2.5~5.5）cm，先端急尖，基部圆钝至近心形，幼时被毛。花 1~2 朵稀 3 朵成顶生伞形花序；花冠淡紫色或玫瑰色，辐状漏斗形，上方裂片有红斑，子房卵形有毛。花期 4~5 月，果期 9~10 月。

见于杜鹃谷等。

观花树种；根、叶、花入药。

映山红
Rhododendron simsii Planch.

杜鹃花科 Ericaceae

杜鹃花属 *Rhododendron*

落叶或半常绿灌木。小枝、花梗、子房密被扁平糙伏毛。叶二型，叶柄及两面均被短糙毛，春叶纸质或薄纸质，卵状椭圆形至卵状狭椭圆形，（2.5~6）cm×（1~3）cm，先端急尖或短渐尖，基部楔形；夏叶较小，倒披针形。花 2~6 朵簇生枝顶；花冠鲜红或深红色，宽漏斗形，裂片内面有紫红色斑点。花期 4~5 月，果期 9~10 月。

见于天目园、杜鹃谷等。

量大而广布，清明前后满山遍野嫣红一片，供观赏；根、叶、花也可供药用。

锦绣杜鹃

Rhododendron × *pulchrum* Sweet

杜鹃花科 Ericaceae

杜鹃花属 *Rhododendron*

半常绿灌木。小枝、叶柄、叶两面、花梗、花萼均被褐色糙伏毛。叶常集生于小枝顶端；叶片薄革质，椭圆状披针形、长圆状披针形，（2~7）cm×（1~2.5）cm，先端钝尖并具小尖头，基部楔形，边缘略反卷。伞形花序顶生，有花 1~5 朵；花紫红色，上部裂片具深色斑点，子房卵球形，密被糙伏毛。花期 4~5 月。

见于各园区。

花繁色艳，供观赏。

柿树
Diospyros kaki Thunb.

柿树科 Ebenaceae

柿 属 *Diospyros*

落叶乔木。树皮暗褐色，长方形方块状深裂。叶近革质，叶片（6~18）cm ×（3.5~10）cm，先端渐尖或凸渐尖，基部宽楔形或近圆形，上面深绿色有光泽，下面疏生褐色柔毛。花钟状，黄白色，多雌雄同株异花。果形变化大，熟时橙黄色或橘黄色，宿存花萼木质化成柿蒂。花期 4~5 月，果期 8~10 月。

见于金缕梅园、文学花园、名花园、杜鹃谷，衣锦校区等。

果鲜食或制柿饼；柿霜及柿蒂可入药；木材质硬可供家具等。

附：浙江柿
Diospyros glaucifolia Metc.

与柿树的主要区别：叶片先端或基部常具少数腺点，下面粉白色；浆果球形，径 1.5~2 cm，熟时被白霜。

见于金缕梅园、文学花园、杜鹃谷，衣锦校区等。

供用材、观赏等。

细果秤锤树

Sinojackia microcarpa C. T. Chen et G. Y. Li

安息香科 Styracaceae

秤锤树属 *Sinojackia*

落叶丛生灌木。树皮灰褐色至黄褐色。主干上的侧枝近直角，基部粗壮，常棘刺状。叶椭圆形或卵形，（4~12）cm ×（2.5~6）cm，边缘有细锯齿；叶柄长 3~4 mm。总状聚伞花序腋生，有花 3~7 朵；花白色，径约 3 cm。果实木质、干燥，不裂，呈细梭形，长 1.5~3 cm，径 2.5~4 mm。花期 4 月，果期 10~11 月。

见于天目园、杜鹃谷，衣锦校区等。

花色洁白、果似细锤，供观赏。

栓叶安息香
Styrax suberifolius Hook. et Arn.

安息香科 Styracaceae

安息香属 *Styrax*

常绿乔木。树皮红褐色至灰褐色。小枝稍扁，被锈褐色星状茸毛。叶革质，互生，椭圆形至椭圆状披针形，（5~18）cm×（2~8）cm，先端渐尖，尖头有时稍弯，基部楔形，近全缘，下面密被黄褐色至灰褐色星状茸毛。果卵状球形，径 1~1.8 cm，密被毛。花期 3~5 月，果期 9~11 月。

见于杜鹃谷，衣锦校区等。

家具和器具用材；种子供制皂或油漆。

白檀
Symplocos tanakana Nakai

山矾科 Symplocaceae

山矾属 *Symplocos*

落叶灌木或小乔木。嫩枝有灰白色柔毛。叶片椭圆形或倒卵状椭圆形，(4~9.5)cm×(2~5.5)cm，先端急尖或渐尖，基部阔楔形或近圆形，边缘有细尖锯齿；中脉在叶面凹下，在叶面平坦或微凸起。花冠白色，5深裂。核果，卵形，稍偏斜，蓝色。花期5~6月，果期9月。

见于蔷薇园、天目园、杜鹃谷等。

供观赏、药用及农药等。

山矾

Symplocos caudata Wall.

山矾科 Symplocaceae

山矾属 *Symplocos*

常绿小乔木。嫩枝褐色，被微柔毛。叶薄革质，卵形或倒披针状椭圆形，（4~8）cm×（1.5~3.5）cm，先端常呈尾状渐尖，基部楔形或圆形，边缘具浅锯齿或波状齿；中脉在叶面凹下，侧脉和网脉在两面均凸起，侧脉每边 4~6 条。花白色，芳香。核果，卵状坛形。花期 2~3 月，果期 6~7 月。

见于蔷薇园、文学花园、天目园、杜鹃谷等。

木材可制器具；种子油作润滑油；根药用。

紫金牛
Ardisia japonica (Thunb.) Bl.

紫金牛科 Myrsinaceae

紫金牛属 *Ardisia*

常绿小灌木。具长而横走匍匐茎。茎不分枝，幼时被细微柔毛。叶对生或近轮生，叶片坚纸质或近革质，椭圆形至椭圆状倒卵形，（4~9）cm×（1.0~4.5）cm，先端急尖，基部楔形，边缘具细锯齿，散生腺点，侧脉 5~8 对；叶柄被微柔毛。花序近伞形；花瓣粉红色或白色，具密腺点。浆果球形，鲜红，多少具腺点。花期 5~6 月，果期 9~11 月。

见于天目园、杜鹃谷等。

全株入药；亦供观赏。

点地梅

Androsace umbellata (Lour.) Merr.

报春花科 Primulaceae

点地梅属 *Androsace*

一年或二年生草本。全株密被灰白色多节细柔毛。基生叶 10~30 枚集成莲座状；叶片圆形至心圆形，边缘具粗大三角状牙齿；叶柄短。花葶常数至多条，从基部叶丛生抽出；苞片轮生状，卵形或披针形。花冠白色，喉部黄色。蒴果近球形。种子细小，深褐色。花期 2~4 月，果期 5~6 月。

见于各园区。

全草入药，有清凉解毒、消肿止痛之效。

泽珍珠菜
Lysimachia candida Lindl.

报春花科 Primulaceae

珍珠菜属 *Lysimachia*

一年或二年生无毛草本。茎直立，圆柱形，肉质，基部常带红色。基生叶匙形，（3~4.5）cm×（1~1.5）cm，具有狭翅的柄，花时常不存在；茎生叶互生，叶片倒卵形至条形，（2~3）cm×（0.3~1）cm，先端钝，基部下延成短柄，两面与苞片及花萼均散生黑色或暗红色腺点及短腺条。总状花序顶生，花冠白色。蒴果球形。花果期4~5月。

见于各园区。

全草入药。

点腺过路黄
Lysimachia hemsleyana Maxim.

报春花科 Primulaceae

珍珠菜属 *Lysimachia*

多年生匍匐草本。茎簇生，平铺地面，先端伸长成鞭状，密被多细胞柔毛。叶对生，叶片卵形或宽卵形，（1~4.8）cm×（0.8~3.8）cm，先端锐尖，基部近圆形至浅心形，两面密被短糙伏毛，边缘散生红色或黑色腺点，侧脉 3~4 对。花单生于茎中部叶腋，花萼散生红色或黑色腺点。蒴果近球形，上部有柔毛。花期 4~6 月，果期 7~9 月。

见于蔷薇园、果木园、盆景园、天目园等。

供观赏及药用。

海桐
Pittosporum tobira (Thunb.) Ait.

海桐花科 Pittosporaceae

海桐花属 *Pittosporum*

常绿灌木或小乔木。嫩枝被褐色柔毛，有皮孔。叶互生，常聚生于枝顶呈假轮生状；叶片革质，倒卵形或倒卵状披针形，(4~9) cm × (1.5~4) cm，先端圆形，常微凹，基部窄楔形，下延，全缘，上面亮绿色，下面浅绿色；叶柄长，疏被毛。伞形花序顶生，密被黄褐色柔毛。蒴果圆球形，有3棱，被黄褐色柔毛；种子多数，多角形，红色。花期4~6月，果期9~12月。

见于各园区。

供园林观赏及药用等。

绣球

Hydrangea macrophylla (Thunb.) Ser.

虎耳草科 Saxifragaceae

绣 球 属 *Hydrangea*

落叶灌木。小枝粗壮，无毛，有明显的皮孔和大型叶迹。叶对生；叶片近肉质，倒卵形或椭圆形，（8~20）cm×（4~10）cm，先端骤尖，基部宽楔形，边缘除基部外有三角形粗锯齿，上面鲜绿色，有光泽，下面淡绿色；叶柄粗壮。伞房花序顶生，近球形，总花梗疏被短柔毛；花白色，后变粉红色或蓝色，全部为放射花。花期6~7 月。

见于蔷薇园、文学花园，衣锦校区等。

供观花及药用。

重瓣溲疏
Deutzia crenata Sieb. et Zucc. 'Plena'

虎耳草科 Saxifragaceae

溲 疏 属 *Deutzia*

落叶灌木，高约 2 m。老枝紫褐色或灰褐色，表皮片状脱落。叶纸质，卵状菱形或椭圆状卵形，（2~5.5）cm×（1~3.5）cm，先端急尖，基部楔形或宽楔形，边缘具大小相间或不整齐锯齿，叶背灰白色。聚伞花序，具花（1~）2~3 朵；花瓣白色。蒴果半球形，被星状毛，具宿存萼裂片。花期 4~6 月，果期 9~11 月。

见于槭树园、天目园、院士林。

花硕大繁多，供园林观赏。

珠芽景天

Sedum bulbiferum Makino

景天科 Crassulaceae

景天属 *Sedum*

一年生草本。茎细弱，直立或斜升，高 7~22 cm，着地部分节上常生不定根。叶腋常有圆球形、肉质、小型珠芽。基部叶常对生，上部叶互生，下部者卵状匙形，上部叶匙状倒披针形，（7~15）mm ×（2~4）mm，先端钝，基部渐狭，有短距。花序聚伞状，有 2~3 分枝；花瓣 5，黄色，披针形；雄蕊 10；心皮 5，略叉开。花期 4~5 月。

见于各园区。

供药用及观赏。

垂盆草
Sedum sarmentosum Bunge

景天科 Crassulaceae

景天属 *Sedum*

多年生草本。不育茎匍匐，节上生不定根。花茎直立。叶 3 枚轮生，倒披针形至长圆形，（15~25）mm×（3~5）mm，先端尖，基部渐狭，有短距。聚伞花序，有 3~5 个分枝；花瓣 5，黄色，披针形至长圆形；雄蕊 10 枚；心皮 5 枚，略叉开，有长花柱。种子卵形。花期 5~7 月，果期 7~8 月。

见于文学花园、杜鹃谷，衣锦校区等。

全草入药。

虎耳草

Saxifraga stolonifera Curt.

虎耳草科 Saxifragaceae

虎耳草属 *Saxifraga*

多年生草本。匍匐茎细长，分枝，红紫色。叶片肉质，圆形或肾形，（1.5~7）cm×（2.2~8.5）cm，先端钝或急尖，基部近截形至心形，上面绿色，常具白色或淡绿色斑纹，下面紫红色，两面被伏毛，边缘浅裂并具不规则浅牙齿；叶柄与茎均被有长柔毛。花序疏圆锥状，被短腺毛；花瓣白色，5枚，披针形。蒴果，顶端呈喙状2深裂；种子具瘤状突起。花期4~8月，果期6~10月。

见于槭树园、天目园等。

供药用及观赏等。

龙牙草
Agrimonia pilosa Ledeb.

蔷薇科 Rosaceae

龙牙草属 *Agrimonia*

多年生草本。具块根。叶为间断奇数羽状复叶，有小叶 7~9 枚，向上减少至 3 枚，常杂有小型小叶；叶柄疏被柔毛，托叶草质，绿色，镰形；茎下部托叶有时卵状披针形；小叶片倒卵形或倒卵状披针形，（1.5~5）cm×（1~2.5）cm，先端急尖至圆钝，基部楔形，边缘有急尖或圆钝锯齿，两面常被毛。花序总状顶生；花黄色。果实顶端有数层钩刺。花果期 5~10 月。

见于水景园、果木园、天目园。

全草入药。

蛇莓

Duchesnea indica (Andr.) Focke

蔷薇科 Rosaceae

蛇莓属 *Duchesnea*

多年生草本。匍匐茎多数，有柔毛。三出复叶，小叶片倒卵形至菱状长圆形，（2~5）cm×（1~3）cm，先端圆钝，边缘有钝锯齿，两面常有柔毛，具小叶柄；基生叶叶柄短；托叶窄卵形至宽披针形。花单生于叶腋；花托在果期膨大，海绵质，鲜红色，有光泽，外面有长柔毛。瘦果暗红色。花期 4~5 月，果期 5~6 月。

见于各园区。

全草入药。

枇杷

Eriobotrya japonica (Thunb.) Lindl.

蔷薇科 Rosaceae

枇杷属 *Eriobotrya*

常绿小乔木。小枝粗壮，密生锈色或灰棕色茸毛。叶片革质，披针形、倒披针形至椭圆状长圆形，（12~30）cm×（3~9）cm，先端急尖或渐尖，基部楔形或渐狭成叶柄，上部边缘有疏锯齿，上面多皱，下面密生灰棕色茸毛。圆锥花序顶生，具多花；总花梗和花梗密生锈色茸毛。果实球形或长圆形，黄色或橘黄色，外有锈色柔毛，不久脱落。花期 10~12 月，果期翌年 5~6 月。

见于金缕梅园、蔷薇园、果木园，衣锦校区等。

果供生食、蜜饯和酿酒；叶、花等入药。

垂丝海棠
Malus halliana Koehne

蔷薇科 Rosaceae

苹果属 *Malus*

落叶小乔木。树冠开展。小枝细弱，微弯曲，紫色或紫褐色。叶片卵形或椭圆形至长椭圆状卵形，（3.5~8）cm×（2.5~4.5）cm，先端长渐尖，基部楔形至近圆形，边缘有圆钝细锯齿。伞房花序；萼片三角卵形，与萼筒等长或稍短；花瓣粉红色，常在 5 数以上；花梗细弱，下垂。果实略带紫色。花期 3~4 月，果期 11 月。

见于蔷薇园、杜鹃谷，衣锦校区等。

用于园林观赏。

附：西府海棠
Malus micromalus Makino

与垂丝海棠的主要区别：枝直立性强；叶片边缘有尖锐锯齿；萼片披针形，比萼筒长。

见于蔷薇园、名花园、文学花园，衣锦校区等。

供观赏。

红叶石楠
Photinia × *fraseri* 'Red Robin'

蔷薇科 Rosaceae

石楠属 *Photinia*

常绿小乔木或灌木。叶片革质，（5~15）cm×（2~5）cm，长圆形至倒卵状、披针形，先端渐尖，叶基楔形，叶缘有带腺的锯齿；其新梢和嫩叶鲜红。复伞房花序，花序梗贴生短柔毛；花多而密，白色。梨果黄红色。花期 5~7 月，果期 9~10 月。

见于各园区。

著名色叶树种。

石楠

Photinia serratifolia (Desf.) Kalkman

蔷薇科 Rosaceae

石楠属 *Photinia*

常绿灌木或小乔木。叶片革质，长椭圆形、长倒卵形或倒卵状椭圆形，(9~22) cm×(3~6.5) cm，先端尾尖，基部圆形或宽楔形，边缘有疏生具腺细锯齿，萌芽枝之叶缘具硬刺状锯齿，近基部全缘，上面光亮；叶柄粗壮。复伞房花序顶生，花白色。果实球形，红色，后呈褐紫色。花期 4~5 月，果期 10 月。

见于蔷薇园、槭树园、文学花园，衣锦校区等。

供观赏及用材等。

红叶李
Prunus cerasifera 'Atropurpurea'

蔷薇科 Rosaceae

李　属 *Prunus*

落叶灌木或小乔木。叶片常椭圆形、卵形或倒卵形，（3~6）cm×（2~6）cm，先端急尖，基部楔形或近圆形，边缘有圆钝锯齿，有时间杂重锯齿，两面终年紫红色，上面中脉微下陷，下面中脉隆起，下部有柔毛或脉腋有髯毛，余部无毛；叶柄紫红色。花单生，粉红。核果暗紫红色，近球形。花期3~4月，果期5~6月。

见于各园区。

庭院习见观赏花灌木。

迎春樱
Prunus discoidea Yu et Li.

蔷薇科 Rosaceae

李 属 *Prunus*

落叶小乔木。树皮淡褐色。叶片倒卵状长圆形或长椭圆形，（4~8）cm×（1.5~3.5）cm，先端骤尾尖或尾尖，基部多楔形，边有缺刻状急尖锯齿，齿端有小盘状腺体，上面暗绿色，下面淡绿色，两面具疏柔毛，嫩时较密；叶柄短，幼时被稀疏柔毛。伞形花序，花先叶开放。稀同放。核果红色。花期 3 月，果期 5 月。

见于蔷薇园、名花园、香花园、文学花园等。

园林观赏树种。

梅

Prunus mume (Sieb.) Sieb. et Zucc.

蔷薇科 Rosaceae

李 属 *Prunus*

落叶小乔木。小枝绿色，光滑无毛。叶片卵形或椭圆形，（4~8）cm×（2.5~5）cm，先端尾尖，基部宽楔形至圆形，叶缘具小锐锯齿，幼嫩时两面被短柔毛，后逐渐脱落，或仅下面脉腋间具短柔毛；叶柄长，常有腺体。花单生，或二朵同生。果近球形，黄色或绿白色，被柔毛，味酸；果肉与核粘贴。花期 2~3 月，果期 5~6 月。

见于木兰园、蔷薇园、桂花园、文学花园，衣锦校区等。

早春赏花；果鲜食，或熏制成乌梅等。

桃
Prunus persica (Linn.) Batsch

蔷薇科 Rosaceae

李 属 *Prunus*

落叶小乔木。树皮暗红褐色，老时粗糙呈鳞片状；小枝细长，有光泽，绿色，向阳处转变成红色。叶片长圆披针形至倒卵状披针形，（7~15）cm×（2~3.5）cm，先端渐尖，基部宽楔形，下面脉腋间常具短柔毛，叶缘具细或粗锯齿，齿端具腺体或无。花常二朵并生，多粉红色。核果，果形及大小多有变异，常密被短柔毛。花期 3~4 月，果期 5 月下旬至 9 月。

见于蔷薇园、天目园，衣锦校区等。

供观赏、食用，也供药用等。

日本晚樱

Prunus serrulata Lindl. var. *lannesiana* (Carr.) Rehd.

蔷薇科 Rosaceae

樱 属 *Prunus*

落叶乔木。叶片卵状椭圆形或倒卵椭圆形，（5~9）cm×（2.5~5）cm，嫩时带淡紫褐色，边缘具长刺芒状重锯齿，齿尖有小腺体，有侧脉 6~8 对；叶柄长 1~1.5 cm，无毛，先端有 1~3 圆形腺体；托叶线形，边有腺齿，早落。花叶同时开放；花序伞房总状或近伞形，有花 2~3 朵，重瓣，粉红色；萼筒钟状。花期 4 月。

见于蔷薇园、名花园、山茶园、桂花园、文学花园、杜鹃谷，衣锦校区等。

供观赏。

日本樱花
Prunus yedoensis Matsum.

蔷薇科 Rosaceae

樱 属 *Prunus*

落叶乔木。小枝淡紫褐色，无毛；嫩枝绿色，被疏柔毛。叶片椭圆卵形或倒卵形，（5~12）cm ×（2.5~7）cm，先端渐尖或骤尾尖，基部多圆形，边有尖锐重锯齿，齿端渐尖，有小腺体，上面深绿色，下面淡绿色，沿脉被稀疏柔毛，有侧脉 7~10 对；叶柄长，密被柔毛，顶端常有 1~2 个腺体。花序伞形总状，先叶开放。核果黑色，近球形。花期 4 月，果期 5 月。

见于蔷薇园、文学花园，衣锦校区等。

为重要的观花乔木。

火棘
Pyracantha fortuneana (Maxim.) Li

蔷薇科 Rosaceae

火棘属 *Pyracantha*

常绿披散灌木。侧枝短，先端呈刺状。叶片倒卵形或倒卵状长圆形，(1.5~6) cm × (0.5~2) cm，先端圆钝或微凹，基部楔形，下延连于叶柄，边缘有钝锯齿，齿尖向内弯，近基部全缘，两面皆无毛；叶柄短，无毛或嫩时有柔毛。复伞房花序顶生，花白色。果近球形，橘红色或深红色。花期 3~5 月，果期 8~11 月。

见于各园区。

供观赏或作绿篱，果实磨粉可食用。

厚叶石斑木

Rhaphiolepis umbellata (Thunb.) Makino

蔷薇科 Rosaceae

石斑木属 *Rhaphiolepis*

常绿灌木或小乔木。枝、叶幼时有褐色柔毛。叶片厚革质，长椭圆形、卵形或倒卵形，（2.5~7）cm×（1.2~3）cm，先端圆钝至稍锐尖，基部楔形，全缘或有疏生钝锯齿，边缘稍反卷，上面深绿色，稍有光泽，下面淡绿色，网脉明显；叶柄短。圆锥花序顶生，花白色。果实球形，黑紫色带白霜，顶端具萼片脱落残痕。

见于蔷薇园、果木园、翠竹园、文学花园。

供庭院观赏。

月季
Rosa chinensis Jacq.

蔷薇科 Rosaceae

蔷薇属 *Rosa*

常绿或半常绿直立灌木。小枝粗壮，有短粗的钩状皮刺或无刺。三至五小叶复叶；叶柄散生皮刺和腺毛；托叶大部贴生于叶柄，仅先端分离部分呈耳状，边缘常有腺毛；小叶片宽卵形至卵状长圆形，（2.5~6）cm×（1~3）cm，先端长渐尖或渐尖，基部近圆形或宽楔形，边缘有锐锯齿，两面近无毛。花数朵集生或单花。果红色，卵球形或梨形。花期 4~10 月，果期 6~11 月。

见于蔷薇园、果木园，衣锦校区等。

观赏及药用等。

金樱子
Rosa laevigata Michx.

蔷薇科 Rosaceae

蔷薇属 *Rosa*

常绿攀缘灌木。小枝散生扁弯皮刺。三小叶复叶，偶见 5 枚；叶轴有皮刺和腺毛；托叶离生或基部与叶柄合生，边缘有细齿，齿尖有腺体；小叶片革质，椭圆状卵形、倒卵形或披针状卵形，（2~6）cm×（1.2~3.5）cm，先端急尖或圆钝，边缘有锐锯齿。花多单生于枝顶，花梗和萼筒密被刺状腺毛。聚合瘦果，密被针刺，萼片宿存。花期 4~6 月，果期 9~10 月。

见于蔷薇园、天目园等。

供刺篱、观赏及药用等。

野蔷薇
Rosa multiflora Thunb.

蔷薇科 Rosaceae

蔷薇属 *Rosa*

落叶攀缘灌木。小枝绿色，具短、粗稍弯曲皮刺。复叶具小叶5~9枚；托叶篦齿状，大部分贴生于叶柄，边缘有或无腺毛；小叶片倒卵形、长圆形或卵形，（1.5~5）cm×（0.8~2.8）cm，先端急尖或圆钝，基部近圆形或楔形，边缘有尖锐单锯齿，稀有重锯齿。圆锥状花序，花多朵，白色。果红褐色或紫褐色。

见于蔷薇园、桂花园、果木园、天目园等。

花、果、根均可入药。

山莓

Rubus corchorifolius Linn. f.

蔷薇科 Rosaceae

悬钩子属 *Rubus*

落叶灌木。茎具稀疏皮刺。单叶，叶片卵形至卵状披针形，（4~10）cm×（2~5.5）cm，先端渐尖，基部微心形，不裂或3浅裂，边缘有不整齐重锯齿，上面近无毛或脉上被短毛，下面幼时密被灰褐色的细柔毛，逐渐脱落至近无毛，基部有3脉；托叶线状披针形，基部与叶柄合生，早落。花白色。聚合果卵球形，红色。花期2~3月，果期4~6月。

见于果木园、天目园等。

野果供生食、制果酱及酿酒；果、根及叶入药。

高粱泡
Rubus lambertianus Ser.

蔷薇科 Rosaceae

悬钩子属 *Rubus*

半常绿蔓性灌木。茎散生钩状小皮刺，幼时常疏生细柔毛。单叶，叶片宽卵形，(7~10) cm × (4~9) cm，先端渐尖，基部心形，边缘明显 3~5 裂或呈波状，有细锯齿，上面疏生柔毛，下面脉上初被长硬毛，后渐脱落，中脉上常疏生小皮刺；叶柄散生皮刺；托叶离生，线状深裂，有细柔毛或近无毛，常脱落。圆锥花序顶生。聚合果红色，球形，无毛。花期 7~8 月，果期 9~11 月。

见于果木园、文学花园、天目园、翠竹园等。

果供食用及酿酒；根、叶供药用。

合欢
Albizia julibrissin Durazz.

豆 科 Leguminosae

合欢属 *Albizia*

落叶乔木。树皮灰褐色，密生皮孔，树冠开展。二回羽状复叶，叶柄近基部及最顶1对羽片着生处各有1枚腺体；羽片4~15对，每羽片具小叶10~30对，小叶片镰形或斜长圆形，（6~13）mm×（1~4）mm，先端有小尖头，有缘毛，有时在下面或仅中脉上有短柔毛，中脉紧贴上边缘。头状花序于枝顶排成圆锥花序；花丝多而细长，粉红色。荚果带状。花期6~7月，果期8~10月。

见于各园区。

观形赏花及用材；嫩叶可食；花、树皮供药用。

附：山合欢
Albizia kalkora (Roxb.) Prain

与合欢的主要区别：羽片2~4对；每羽片具小叶5~14对，小叶矩圆形，先端圆钝而有细尖头，两面均被短柔毛，中脉稍偏于上侧；花丝黄白色，稀粉红色。

见于文学花园、天目园。

用途同合欢。

云实
Caesalpinia decapetala (Roth) Alston

豆 科 Leguminosae

云实属 *Caesalpinia*

落叶攀缘灌木。全体散生倒钩状皮刺。幼枝及幼叶被褐色或灰黄色短柔毛，后渐脱落，老枝红褐色。二回羽状复叶，羽片 3~10 对；小叶 14~30 枚，小叶片长圆形，（9~25）mm×（6~12）mm，先端近圆钝，微偏斜，全缘，两面均被短柔毛；小叶柄极短。顶生总状花序，直立而具多花；花瓣黄色，盛开时反卷。荚果栗褐色，成熟后向上开裂。花期 4~5 月，果期 9~10 月。

见于蔷薇园等。

茎内常有“斗米虫”供食药用，与种子、花等均可入药；也栽作刺篱、花篱等。

伞房决明

Cassia corymbosa Lam.

豆 科 Leguminosae

决明属 *Cassia*

半常绿多分枝灌木。偶数羽状复叶，小叶3~5对，椭圆至长圆状披针形；先端渐尖，边缘具缘毛，无毛或短柔毛。圆锥花序伞房状；花瓣5，鲜黄色，与萼片互生，离瓣；雄蕊10，大小不等。荚果圆柱形，长5~8 cm，果实宿存至翌年春季。花果期7~11月。

见于金缕梅园、蔷薇园、果木园等。

供园林观赏等。

紫荆
Cercis chinensis Bunge

豆 科 Leguminosae

紫荆属 *Cercis*

落叶灌木或小乔木，经栽培后多呈丛生灌木状。小枝具明显皮孔。叶纸质，近圆形，（6~14）cm×（5~14）cm，先端急尖，基部浅至深心形；叶柄长；托叶长方形，早落。花紫红色或粉红色，簇生于老枝和主干上，尤以主干上花束较多，先叶开放；龙骨瓣基部具深紫色斑纹。荚果薄革质，带状，扁平，顶端有短喙，沿腹缝线有窄翅。花期 4~5 月，果期 7~8 月。

见于金缕梅园、蔷薇园、盆景园，衣锦校区等。

早春观花，俗称“满条红”；树皮可入药。

黄檀

Dalbergia hupeana Hance

豆 科 Leguminosae

黄檀属 *Dalbergia*

落叶乔木。树皮薄片状剥落，两头反翘。奇数羽状复叶；小叶片互生，长圆形或宽椭圆形，（3~5.5）cm×（1.5~3）cm，先端钝或稍凹入，基部圆形或宽楔形，上面有光泽。圆锥花序顶生或生于最上部的叶腋间；花冠黄白色或淡紫色；雄蕊10，呈“5+5”的二体。荚果长圆形，扁平，不开裂。花期5~6月，果期8~9月。

见于蔷薇园、文学花园，衣锦校区等。

传统木工工具用材；根及叶入药。

野扁豆
Dunbaria villosa (Thunb.) Makino

豆　　科　Leguminosae

野扁豆属　*Dunbaria*

多年生缠绕草本。茎细弱，微具纵棱，略被短柔毛。三小叶复叶；小叶薄纸质，顶生小叶较大，菱形或近三角形，侧生小叶较小，偏斜，（1.5~3.5）cm×（2~3.7）cm，先端渐尖或急尖，基部圆形至近截平，两面常微被短柔毛，有锈色腺点。总状花序或复总状花序腋生，花黄色。荚果条形，扁平稍弯，被短柔毛或有时近无毛。花期7~9 月，果期 8~11 月。

见于各园区。

饲料及地被植物。

野大豆

Glycine soja Sieb. et Zucc.

豆 科 Leguminosae

大豆属 *Glycine*

一年生缠绕草本。茎细长，密被棕黄色倒向伏贴长硬毛。三小叶复叶；顶生小叶卵圆形或卵状披针形，（2.5~8）cm×（1~3.5）cm，先端锐尖至钝圆，基部近圆形，两面均被糙毛，侧生小叶斜卵状披针形。总状花序常较短，花冠淡红紫色或白色。荚果，稍弯，密被长硬毛，种子间稍缢缩，干时易裂。花期6~8月，果期9~10月。

见于各园区。

国家Ⅱ级重点保护野生植物。全草入药。

马棘

Indigofera pseudotinctoria Matsum.

豆 科 Leguminosae

木蓝属 *Indigofera*

落叶小灌木。羽状复叶，叶柄被平贴丁字毛，叶轴上面扁平；小叶对生，椭圆形、倒卵形或倒卵状椭圆形，（1~2）cm×（0.5~1.1）cm，先端圆或微凹，有小尖头，基部阔楔形或近圆形，两面多有白色丁字毛；小叶柄极短。总状花序，花开后较复叶长；花冠淡红色或紫红色。荚果，圆柱形，被毛。花期 7~8 月，果期 9~11 月。

见于松柏园、蔷薇园、翠竹园、天目园等。

全草入药；也供坡面绿化、水土保持等。

天蓝苜蓿

Medicago lupulina Linn.

豆 科 Leguminosae

苜蓿属 *Medicago*

二年生草本。茎多分枝，平铺地上，幼时密被毛。三小叶复叶；小叶倒卵形、宽倒卵形或倒心形，（0.7~1.7）cm ×（0.4~1.4）cm，先端多少截平或微凹，具细尖，基部楔形，边缘在上半部具不明显尖齿，两面均被毛，侧脉达齿端。花序小头状；总花梗密被贴伏柔毛；花冠黄色。荚果黑褐色，弯曲成肾形。花期4~5月，果期5~6月。

见于各园区。

可作绿肥及饲料。

常春油麻藤
Mucuna sempervirens Hemsl.

豆　　科 Leguminosae

油麻藤属 *Mucuna*

常绿木质藤本。三小叶复叶，叶柄长；小叶纸质或革质，顶生小叶椭圆形，长圆形或卵状椭圆形，长 7~13 cm，先端渐尖，基部稍楔形，侧生小叶极偏斜，上面深绿色，有光泽，下面浅绿色。总状花序生于老茎上；花冠深紫色，干后黑色。果木质，扁平被黄锈色毛，两缝线有隆起的脊。花期 4~5 月，果期 9~10 月。

见于桂花园、山茶园等。

供观赏及药用；块根可提取淀粉；种子可榨油。

花榈木
Ormosia henryi Prain

豆 科 Leguminosae

红豆属 *Ormosia*

常绿乔木。树皮、小枝灰绿色，小枝、叶轴、花序密被茸毛。奇数羽状复叶；小叶片革质，椭圆形或长圆状椭圆形，（6~17）cm×（2~6）cm，先端钝或短尖，基部圆或宽楔形，叶缘微反卷，下面及叶柄均密被黄褐色茸毛。圆锥花序顶生或腋生，花冠黄白色。荚果木质，具 2~7 种子。种子鲜红色，种脐长约 3 mm。花期 6~7 月，果期 10~11 月。

见于蔷薇园、文学花园、天目园等。

国家Ⅱ级重点保护野生植物。优质用材；又供观赏、药用或作为防火树种。

附：红豆树
Ormosia hosiei Hemsl. et Wils.

与花榈木的主要区别：小枝、叶无毛；荚果具 1~2 粒种子，种脐长约 7 mm。

见于蔷薇园、文学花园、天目园。

国家Ⅱ级重点保护野生植物。木雕工艺及高级家具等用材；也供观赏及药用等。

野葛
Pueraria lobata (Willd.) Ohwi

豆科 Leguminosae

葛属 *Pueraria*

多年生大藤木。根块肥厚，圆柱形。茎粗壮，多分枝，小枝密被棕褐色粗毛。三小叶复叶，叶柄长，托叶盾状着生；小叶片全缘，两面被毛，顶生小叶菱状卵形，基部圆形；侧生小叶斜卵形，稍小，小托叶针状。总状花序顶生，花冠紫色。荚果被棕褐色长硬毛；种子赤褐色。花期 7~9 月，果期 9~10 月。

见于金缕梅园、果木园、天目园等。

供食药用、纤维及饲料等。

香花槐

Robinia × pseudoacacia Linn. 'Idahoensis'

豆科 Leguminosae

刺槐属 *Robinia*

落叶乔木，高 10~12 m。树干褐至灰褐色。枝常具托叶刺。羽状复叶互生，小叶 7~19 枚，椭圆形至卵状长圆形，长 3~6 cm，光滑，深绿色有光泽。总状花序腋生，下垂，长 8~12 cm；花被红色，芳香；花不育，无荚果。花期 4 月。

见于金缕梅园、桂花园、文学花园等。

供观赏，花可供野菜用。

槐树
Sophora japonica Linn.

豆科 Leguminosae

槐属 *Sophora*

落叶乔木。树皮灰褐色，纵裂。2年（至几年）生枝绿色，皮孔明显。羽状复叶；小叶片卵状披针形或卵状长圆形，（2.5~7.5）cm×（1.5~3）cm，先端渐尖，具小尖头，基部宽楔形，下面疏生短柔毛；小叶柄短，密生白色短柔毛。圆锥花序顶生，花乳白色。荚果串珠状，肉质不裂。花期7~8月，果期9~10月。

见于名花园、盆景园、天目园，衣锦校区等。

供行道树；可作蜜源植物；花和荚果等入药。

附：龙爪槐
Sophora japonica Linn. ‘Pendula’

与槐树的主要区别：小枝屈折下垂。

见于文学花园、山茶园、盆景园，衣锦校区。

常见庭园栽培观赏。

大巢菜

Vicia sativa Linn.

豆　科 Leguminosae

野豌豆属 *Vicia*

一、二年生草本。茎细弱，具棱，疏被毛。偶数羽状复叶，叶轴顶端有分枝卷须，托叶半箭形，边缘具齿牙；小叶片倒卵状长圆形或倒披针形，（0.7~2.3）cm×（0.2~0.8）cm，先端截形或微凹，具小尖头，基部楔形，两面被贴伏黄柔毛。花 1~2 朵腋生，近无总梗；花冠紫红色或红色。荚果长圆形。花期 3~6 月，果期 4~7 月。

见于各园区。

茎叶为优良饲料及绿肥，也供野菜用。

附：小巢菜

Vicia hirsuta (Linn.) S. F. Gray

与大巢菜的主要区别：茎几无毛或疏生短柔毛；小叶片两面无毛；总状花序腋生，具花 2~6 朵，具长总梗。

见于各园区。

可作绿肥及饲料；全草入药。

紫藤

Wisteria sinensis (Sims) Sweet

豆 科 Leguminosae

紫藤属 *Wisteria*

落叶木质藤本。奇数羽状复叶；小叶卵状椭圆形至卵状披针形，（5~8）cm×（2~4）cm，先端渐尖至尾尖，基部钝圆或楔形至歪斜，嫩叶两面被平伏毛；小叶柄被柔毛；小托叶刺毛状。总状花序发自去年短枝的腋芽或顶芽；花冠紫色。荚果密被茸毛；种子扁圆形，具花纹。花期 4~5 月，果期 5~8 月。

见于金缕梅园、水景园、盆景园、山茶园、名花园、天目园、杜鹃谷，衣锦校区等。

常作庭院栽培花木，寓意“紫气东来”；花供食用。

胡颓子

Elaeagnus pungens Thunb.

胡颓子科 Elaeagnaceae

胡颓子属 *Elaeagnus*

常绿灌木。具枝刺。幼枝密被锈色鳞片，老时脱落。叶革质，多椭圆形或宽椭圆形，（5~10）cm×（1.8~5）cm，先端钝形，基部圆形，边缘微反卷，下面密被银白色和少数褐色鳞片；叶柄深褐色。花 1~3 朵生于腋生的小枝上，白色或黄白色，密被鳞片。核果椭圆形，被褐色鳞片，成熟时红色。花期 9~12 月，果期翌年 4~6 月。

见于蔷薇园、果木园、天目园等。

野果、药用及纤维用。

紫薇
Lagerstroemia indica Linn.

千屈菜科 Lythraceae
紫薇属 *Lagerstroemia*

落叶灌木或小乔木。树皮平滑，片状剥落，灰白色或灰褐色。小枝纤细，具四棱，略成翅状。叶互生，纸质，椭圆形、宽长圆形或倒卵形，（2.5~7）cm×（1.5~4）cm，先端短尖或钝形，基部阔楔形，侧脉 3~7 对；近无柄。花大，径 3~4 cm，淡红色或紫色、白色，常组成顶生的圆锥花序。蒴果，室背开裂。花期 6~9 月，果期 9~12 月。

见于各园区。

观赏、用材及药用等。

附：南紫薇
Lagerstroemia subcostata Koehne

与紫薇的主要区别：小枝略呈四棱；花径约 1 cm。

见于蔷薇园、文学花园、院士林等。

观赏、用材及药用等。

千屈菜
Lythrum salicaria Linn.

千屈菜科 Lythraceae

千屈菜属 *Lythrum*

多年生直立草本。根茎粗壮，横卧于地下，枝通常具四棱。叶对生或三叶轮生，披针形或宽披针形，（4~6）cm×（8~15）mm，先端钝形或短尖，基部圆形或心形，有时略抱茎，全缘，无柄。花序顶生；花红紫色或淡紫色；雄蕊 12 枚，6 长 6 短，伸出萼筒之外。蒴果扁圆形。

见于水景园。

湿地观赏或盆栽；全草可入药。

结香
Edgeworthia chrysantha Lindl.

瑞香科 Thymelaeaceae
结香属 *Edgeworthia*

落叶灌木。小枝粗壮，褐色，常作三叉分枝；幼枝常被短柔毛，韧皮极坚韧，叶痕大。叶互生，常集生于枝顶，在花前凋落，长圆形、披针形至倒披针形，先端短尖，基部楔形或渐狭，（8~20）cm×（2.5~5.5）cm，两面均被银灰色绢状毛，侧脉 10~13 对，被柔毛。头状花序顶生或侧生，每花序具 30~50 朵，呈绒球状，外围具 10 枚左右被长毛而早落的总苞；单被花，淡黄色。果椭圆形，顶端被毛。花期冬末春初，果期春夏间。

见于蔷薇园、文学花园、杜鹃谷等。

优质纤维供高级用纸及人造棉原料；全株入药；亦栽供观赏。

菲油果

Acca sellowiana (O. Berg) Burret

桃金娘科 Myrtaceae

菲油果属 *Acca*

常绿灌木或小乔木。树皮呈浅灰色。枝节间膨胀，幼时有白毛。叶厚革质，对生，椭圆形，长 5~7.5 cm，叶背面具银灰色的茸毛。花两性，单生或簇生；花瓣倒卵形，紫红色，雄蕊和花柱红色，顶端黄色。浆果，长椭圆形至卵形，熟时果肉为黄色，半透明状，果汁丰富。花期 5~6 月，果期秋至初冬季。

见于槭树园、名花园等。

原产于中南美洲。果可食用；花色艳丽，供观赏。

黄花水龙

Ludwigia peploides (Kunth) Kaven ssp. *stipulacea* (Ohwi) Raven

柳叶菜科 Onagraceae

丁香蓼属 *Ludwigia*

多年生浮水草本。浮水茎节上常生贮气根状浮器，具多数须状根。叶长圆形或倒卵状长圆形，（3~9）cm×（1~2.5）cm，先端常锐尖或渐尖，基部狭楔形，侧脉7~11对；叶柄长3~20 mm；托叶明显，卵形或鳞片状。花单生上部叶腋，鲜黄色，基部常有深色斑点；雄蕊10，花丝黄色。蒴果具10条纵棱。花期6~8月，果期8~10月。

见于水景园等。

用于水体绿化、净化。

八角枫

Alangium chinense (Lour.) Harms

八角枫科 Alangiaceae

八角枫属 *Alangium*

落叶乔木或灌木。小枝略呈“之”字形。叶纸质，近圆形或椭圆形、卵形，（13~26）cm×（9~22）cm，全缘或3~7裂，裂片短锐尖或钝尖，基部两侧常不对称，多宽楔形、截形，脉腋有丛状毛；基出脉3~5，呈掌状，侧脉3~5对。聚伞花序腋生，花黄白色。核果卵圆形，黑色。花期5~7月，果期7~11月。

见于蔷薇园，衣锦校区等。

侧根和须根入药，也供观赏及用材等。

喜树
Camptotheca acuminata Decne.

蓝果树科 Nyssaceae

喜 树 属 *Camptotheca*

落叶乔木。树皮灰色或浅灰色。当年生枝紫绿色，有灰色微柔毛。叶互生，纸质，矩圆状卵形或矩圆状椭圆形，（12~28）cm×（6~12）cm，先端短锐尖，基部近圆形或宽楔形，全缘，侧脉 11~15 对。头状花序近球形；花杂性同株；花瓣淡绿色；花盘显著。翅果矩圆形，两侧具窄翅。花期 5~7 月，果期 9 月。

见于蔷薇园、盆景园、天目园，衣锦校区等。

国家Ⅱ级重点保护野生植物。全株入药，也供行道树等。

洒金珊瑚

Aucuba japonica Thunb. var. *variegata* Dombr.

山茱萸科 Cornaceae

桃叶珊瑚属 *Aucuba*

常绿丛生灌木。叶对生，肉革质，矩圆形，缘疏生粗齿，两面油绿而富光泽，叶面有大小不等的黄色斑点，酷似洒金。花单性，雌雄异株，顶生圆锥花序；花紫褐色。核果长圆形，鲜红色。花期 3~4 月，果期 8~10 月。

见于各园区。

供园林观赏等。

香港四照花

Dendrobenthamia hongkongensis (Hemsl.) Hutch.

山茱萸科 Cornaceae

四照花属 *Dendrobenthamia*

常绿乔木或灌木。树皮深灰色或黑褐色，平滑，有多数皮孔。叶对生，叶片革质，常椭圆形至长椭圆形，（6.2~13）cm ×（3~6.3）cm，先端短渐尖或短尾状，基部宽楔形或钝尖形，侧脉 3~4 对。头状花序球形，由 50~70 朵花聚集而成；总苞片 4，白色；花小，有香味。果序球形，成熟时黄色或红色。花期 5~6 月，果期 11~12 月。

见于木兰园、盆景园、文学花园等。

食用野果，常名山荔枝，又可酿酒；花果供观赏。

山茱萸

Cornus officinalis Sieb. et Zucc.

山茱萸科　Cornaceae

山茱萸属　*Cornus*

落叶小乔木或灌木。叶对生，纸质，卵状披针形或卵状椭圆形，（5.5~10）cm ×（2.5~4.5）cm，先端渐尖，基部宽楔形或近于圆形，下面脉腋具黄褐色簇毛，侧脉 6~7 对，弧形；叶柄有浅沟，被疏柔毛。伞形花序生于枝侧顶；花小，黄色，先叶开放。核果长椭圆形，红色至紫红色；核具肋纹。花期 3~4 月，果期 9~10 月。

见于蔷薇园、果木园，衣锦校区等。

果肉名萸肉，供药用；花、果供观赏。

卫矛

Euonymus alatus (Thunb.) Sieb.

卫矛科 Celastraceae

卫矛属 *Euonymus*

落叶灌木。小枝常具2~4列木栓翅。叶多为卵状椭圆形、窄长椭圆形，(2~8)cm×(1~3)cm，边缘具细锯齿；叶柄长1~3 mm。聚伞花序1~3花；花白绿色，雄蕊着生花盘边缘处，花丝极短。蒴果1~4深裂，裂瓣椭圆状；种子椭圆状或宽椭圆状，假种皮橙红色。花期5~6月，果期7~10月。

见于文学花园、盆景园、名花园，衣锦校区等。

带栓翅的枝条入药；种子可榨油；可供观赏。

扶芳藤

Euonymus fortunei (Turcz.) Hand.- Mazz.

卫矛科 Celastraceae

卫矛属 *Euonymus*

常绿藤状灌木。叶薄革质，椭圆形、长方椭圆形或长倒卵形，（3.5~8）cm×（1.5~4）cm，先端钝或急尖，基部楔形，边缘齿浅不明显；叶柄长 3~6 mm。聚伞花序 3~4 次分枝；小聚伞花密集，有花 4~7 朵；花白绿色。蒴果粉红色，光滑近球状；种子长方椭圆状，假种皮鲜红色。花期 6 月，果期 10 月。

见于盆景园、名花园、桂花园，衣锦校区等。

观赏及药用等。

冬青卫矛

Euonymus japonicus Thunb.

卫矛科 Celastraceae

卫矛属 *Euonymus*

常绿灌木。小枝近四棱。叶革质，光亮，倒卵形或椭圆形，（3~5）cm×（2~3）cm，先端圆钝或急尖，基部楔形，边缘具有浅细钝齿；叶柄长约 1 cm。聚伞花序具 5~12 花，花序梗长 2~5 cm；花白绿色。蒴果近球状，淡红色；种子椭圆状，假种皮橘红色，全包种子。花期 6~7 月，果期 9~10 月。

见于各园区。

供绿篱或庭园观赏。

冬青
Ilex chinensis Sims

冬青科 Aquifoliaceae

冬青属 *Ilex*

常绿乔木。树皮灰黑色。叶片薄革质至革质，椭圆形或披针形，（5~11）cm×（2~4）cm，先端渐尖，基部楔形或钝，边缘具稀疏圆齿，叶面有光泽；主脉在叶面平，背面隆起，侧脉 6~9 对，在叶背明显。聚伞花序腋生；花淡紫色或紫红色，4~5 基数。果长球形，成熟时红色。花期 4~6 月，果期 7~12 月。

见于蔷薇园、文学花园、天目园，衣锦校区等。

供观赏及药用等。

枸骨
Ilex cornuta Lindl. et Paxt.

冬青科 Aquifoliaceae

冬青属 *Ilex*

常绿灌木或小乔木。叶片四角状长圆形或卵形，（4~9）cm×（2~4）cm，先端具 3 枚尖硬刺齿，中间 1 枚常反曲，基部圆形或近截形，两侧各具 1~2 刺齿；叶柄上面具狭沟；托叶胼胝质，宽三角形。花序簇生于 2 年生枝的叶腋内；花淡黄色，4 基数。果球形，鲜红色。花期 4~5 月，果期 10~12 月。

见于各园区。

供庭园观赏及药用等。

附：无刺枸骨
Ilex cornuta Lindl. et Paxt. ‘Fortunei’

与枸骨的主要区别：叶片边缘无刺，先端具直的刺状尖头。

见于各园区。

供庭园观赏及药用等。

龟甲冬青

Ilex crenata Thunb. ‘Convexa’

冬青科 Aquifoliaceae

冬青属 *Ilex*

常绿多分枝小灌木。叶片革质，倒卵形、椭圆形或长圆状椭圆形，长（1~3.5）cm×（5~15）mm，先端圆形，钝或近急尖，基部钝或楔形，边缘具圆齿状锯齿，叶面亮绿色，叶背密生褐色腺点；叶柄上面具槽，被短柔毛。聚伞花序，单生或多朵集生于叶腋。果球形，成熟后黑色；分核 4。花期 5~6 月，果期 8~10 月。

见于各园区。

常作地被、色块供观赏。

大叶冬青
Ilex latifolia Thunb.

冬青科 Aquifoliaceae

冬青属 *Ilex*

常绿乔木。树皮灰黑色。分枝具明显隆起的叶痕。叶片厚革质，长圆形或卵状长圆形，（8~28）cm×（4.5~9）cm，先端钝或短渐尖，基部圆形或阔楔形，边缘具疏锯齿，侧脉 12~17 对；叶柄粗壮，近圆柱形。圆锥状花序簇生于叶腋；花雌雄异株，淡黄绿色，4 基数。果球形，径约 7 mm，熟时红色。花期 4 月，果期 9~10 月。

见于蔷薇园、名茶园、盆景园等。

药用；叶可作苦丁茶；也供庭园绿化等。

黄杨

Buxus sinica (Rehd. et Wils.) Cheng ex M. Cheng

黄杨科 Buxaceae

黄杨属 *Buxus*

常绿灌木或小乔木。小枝四棱形。叶革质，宽椭圆形、宽倒卵形至长圆形，（1.5~3.5）cm×（0.8~2）cm，先端圆或钝，常有小凹口，基部圆或楔形，侧脉明显，中脉密被白色短线状钟乳体；叶柄被毛。头状花序腋生；花单性，雄花约10朵，无花梗；雌花花柱粗扁。蒴果近球形，花柱宿存。花期3月，果期5~6月。

见于各园区。

供观赏及用材等。

山麻杆
Alchornea davidii Franch.

大戟科 Euphorbiaceae

山麻杆属 *Alchornea*

落叶灌木。嫩枝被灰白色短茸毛。叶纸质，宽卵形或近圆形，（8~15）cm×（7~14）cm，先端渐尖，基部心形、浅心形或近截平，边缘具锯齿，齿端具腺体，基出脉 3 条，基部具 2 或 4 个刺毛状腺体；叶柄长 2~10 cm，具短毛。雌雄异株，雄花序穗状，腋生；雌花序总状。蒴果扁球形，具 3 圆棱。花期 3~5 月，果期 6~7 月。

见于槭树园、文学花园等。

观红艳春叶；也为纤维及油料树种。

重阳木

Bischofia polycarpa (Lévl.) Airy Shaw

大戟科　Euphorbiaceae

秋枫属　*Bischofia*

落叶乔木。树皮褐色，纵裂。三小叶复叶；叶柄长 9~13.5 cm；顶生小叶通常较两侧的大，小叶片纸质，卵形或椭圆状卵形，有时长圆状卵形，（5~14）cm×（3~9）cm，先端突尖或短渐尖，基部圆或浅心形。总状花序腋生；花雌雄异株。果圆球形，熟时褐红色。花期 4~5 月，果期 10~11 月。

见于农作园、文学花园，衣锦校区等。

供观赏、用材等。

泽漆
Euphorbia helioscopia Linn.

大戟科 Euphorbiaceae

大戟属 *Euphorbia*

一年生草本，具乳汁。叶互生，倒卵形或匙形，（10~35）mm×（5~15）mm，先端具牙齿，中部以下渐狭或呈楔形；总苞叶 5 枚，倒卵状长圆形，（3~4）mm×（8~14）mm，先端具牙齿，基部略渐狭，无柄。聚伞花序顶生，总伞幅 5 枚，苞叶 2 枚，卵圆形，先端具牙齿，基部呈圆形。蒴果，具明显的三纵沟。花果期 4~10 月。

见于各园区。

全草入药；种子供工业用油。

斑地锦

Euphorbia maculate Linn.

大戟科　Euphorbiaceae

大戟属　*Euphorbia*

一年生草本，具乳汁。茎匍匐，被白色疏柔毛。叶对生，长椭圆形至肾状长圆形，（6~12）mm×（2~4）mm，先端钝，基部偏斜，边缘中部以上常具细小疏锯齿；叶面中部常具有一个长圆形的紫色斑，两面无毛；托叶钻状，边缘具睫毛。花序单生于叶腋；总苞狭杯状；雄花 4~5 朵；雌花 1 朵。蒴果，被稀疏柔毛。花果期 4~9 月。

见于各园区。

全草药用。

乌桕
Sapium sebiferum (Linn.) Roxb.

大戟科 Euphorbiaceae

乌桕属 *Sapium*

落叶乔木，具乳状汁液。叶互生，叶片多菱形、菱状卵形，（3~8）cm×（3~9）cm，先端骤然紧缩具长短不等的尖头，基部宽楔形或钝，全缘；侧脉 6~10 对；叶柄顶端具 2 淡绿色腺体。花单性，雌雄同株，聚集成顶生的总状花序。蒴果近球形，具 3 种子，中轴宿存；种子扁球形，被白色蜡质假种皮。花期 4~8 月。

见于蔷薇园、槭树园、翠竹园、盆景园、农作园、天目园，衣锦校区等。

为优良秋色叶树种，也供工业油料等。

乌蔹莓

Cayratia japonica (Thunb.) Gagnep.

葡萄科 Vitaceae

乌蔹莓属 *Cayratia*

草质藤本。小枝具纵棱。卷须分叉，与叶对生。鸟趾状 5 小叶复叶；小叶椭圆形或长椭圆形，中央小叶（2.5~4.5）cm×（1.5~4.5）cm，侧生者（1~7）cm×（0.5~3.5）cm，先端急尖或圆形，基部楔形或近圆形；侧脉 5~9 对。复二歧聚伞花序腋生；花黄白色，花盘发达，4 浅裂。果实近球形。花期 3~8 月，果期 8~11 月。

见于各园区。

全草入药。

爬山虎

Parthenocissus tricuspidata (Sieb. et Zucc.) Planch.

葡萄科 Vitaceae

地锦属 *Parthenocissus*

落叶木质藤本。卷须5~9分枝，与叶对生；卷须粗壮，顶端扩大成吸盘。单叶，通常短枝上为3浅裂，长枝上者小型不裂，叶片通常倒卵圆形，（4.5~17）cm×（4~16）cm，先端裂片急尖，基部心形，边缘有粗锯齿。多歧聚伞花序着生在短枝上，花瓣5，雄蕊5。果实球形。花期5~8月，果期9~10月。

见于名花园、文学花园，衣锦校区等。

供垂直绿化及药用。

黄山栾树

Koelreuteria bipinnata Franch. var. *integrifoliola* (Merr.) T. C. Chen

无患子科 Sapindaceae

栾 树 属 *Koelreuteria*

落叶乔木。二回羽状复叶；小叶 9~17 枚，互生，纸质或近革质，斜卵形，（3.5~7）cm ×（2~3.5）cm，先端短尖至短渐尖，基部楔形或圆形，略偏斜，边缘有内弯的小锯齿，下面密被短毛。大型圆锥花序顶生；花瓣 4，黄色反卷。蒴果，泡状，具三棱，成熟过程果色丰富多变。花期 7~9 月，果期 8~10 月。

见于各园区。

供观赏、用材及药用等。

无患子
Sapindus mukorossi Gaertn.

无患子科 Sapindaceae

无患子属 *Sapindus*

落叶乔木。树皮褐色。一回羽状复叶；小叶5~8对，常近对生，叶片薄纸质，长椭圆状披针形或稍呈镰形，（7~15）cm×（2~5）cm，先端短尖或短渐尖，基部楔形，稍歪斜，两面无毛或背面被微柔毛。圆锥花序顶生；花小，辐射对称。核果近球形，橙黄色；种子近球形，黑色。花期春季，果期夏秋。

见于各园区。

观赏、药用、用材及佛缘树种，果皮可加工成肥皂。

七叶树
Aesculus chinensis Bunge

七叶树科 Hippocastanaceae

七叶树属 *Aesculus*

落叶乔木。掌状复叶；小叶5~7枚，纸质，长圆披针形至长圆倒披针形，稀长椭圆形，先端短锐尖，基部楔形或阔楔形，边缘有钝尖形的细锯齿，（8~16）cm×（3~5）cm；侧脉13~17对。圆锥花序顶生；花杂性，雄花与两性花同株；花瓣4，白色。蒴果球形或倒卵球形，具密斑点；种子球形。花期4~5月，果期10月。

见于天目园、杜鹃谷，衣锦校区等。

供园林观赏、用材和药用。

三角枫
Acer buergerianum Miq.

槭树科 Aceraceae

槭 属 *Acer*

落叶乔木。树皮褐色，片状剥落。叶对生；叶片纸质，常 3 浅裂，中央裂片三角卵形，急尖、锐尖或短渐尖；侧裂片短钝尖或甚小，裂片边缘通常全缘。花多数，排成顶生被短柔毛的伞房花序；萼片 5，黄绿色；花瓣 5，淡黄色。翅果黄褐色，张开呈锐角或近于平行，甚至覆叠。花期 4 月，果期 8 月。

见于槭树园、文学花园、天目园、杜鹃谷，衣锦校区等。

供庭园树、行道树等。

樟叶槭

Acer cinnamomifolium Hayata

槭树科　Aceraceae

槭　属　*Acer*

常绿乔木。叶对生，革质，长圆椭圆形或长圆披针形，（8~12）cm×（4~5）cm，基部圆形、钝形或宽楔形，先端钝形，具有短尖头，全缘，叶背被白粉和淡褐色茸毛；侧脉 3~4 对，最下 1 对侧脉由叶基部发出，组成三出脉。圆锥花序顶生，有茸毛。翅果淡褐色，翅张成锐角或近于直角。花期 4~5 月，果期 7~9 月。

见于槭树园等。

树形优美，可供景观树种。

小鸡爪槭

Acer palmatum Thunb. var. *thunbergii* Pax

槭树科 Aceraceae

槭 属 *Acer*

落叶小乔木。树皮深灰色。叶较小，径约4 cm；叶纸质，5~9掌状分裂，常7深裂，裂片狭窄，长圆卵形或披针形，先端锐尖或长锐尖，边缘具紧贴的尖锐重锯齿；基部心脏形或近于心脏形，稀截形，脉腋被有白色丛毛。翅果；小坚果球形，脉纹显著；翅短小。花期5月，果期9月。

见于槭树园、蔷薇园、文学花园、天目园等。

供景观树种。

红枫

Acer palmatum Thunb. 'Atropurpureum'

槭树科 Aceraceae

槭　属 *Acer*

落叶乔木。枝条细长光滑，紫红色。叶掌状，5~7 深裂，裂片卵状披针形，先端尾状尖，缘有重锯齿；嫩叶红艳，密被白色毛，叶片舒展后渐脱落。伞房花序，顶生，紫色，花杂性。翅果，幼时紫红色，熟时黄棕色，两翅张开成钝角。花期 4~5 月，果期 10 月。

见于各园区。

赏形、观叶及色叶树种。

羊角槭
Acer yangjuechi Fang et P. L. Chiu

槭树科 Aceraceae

槭 属 *Acer*

落叶乔木。树皮灰褐色或深褐色。小枝被褐色短柔毛。叶纸质，基部近心形，（7~9）cm×（6~7）cm，3~5 裂，中央裂片长圆卵形，先端短急锐尖，侧裂片钝尖；基部的裂片钝形；裂片间的凹缺钝形；侧脉 6~7 对；叶柄长 4~7 cm，被短柔毛。小坚果扁平，密被黄色短茸毛，翅长圆形，张开近于水平或稍反卷。花期 4 月，果期 9 月。

见于槭树园、天目园，衣锦校区等。

国家Ⅱ级重点保护野生植物。供园林观赏。

南酸枣

Choerospondias axillaris (Roxb.) B. L. Burtt et A. W. Hill

漆 树 科 Anacardiaceae

南酸枣属 *Choerospondias*

落叶乔木。树皮灰褐色，片状剥落。奇数羽状复叶；小叶 7~13，膜质至纸质，卵形、卵状披针形或卵状长圆形，（4~12）cm ×（2~4.5）cm，先端长渐尖，基部多偏斜，宽楔形或近圆形，侧脉 8~10 对。雄花序顶生或腋生；雌花单生于上部叶腋。核果椭圆形，果核顶端具 5 小孔。花期 4 月，果期 8~10 月。

见于蔷薇园、槭树园、棕榈园、名茶园、盆景园、文学花园，衣锦校区等。

果可生食或酿酒。也供栲胶及活性炭原料等。

盐肤木
Rhus chinensis Mill.

漆树科 Anacardiaceae

盐肤木属 *Rhus*

落叶灌木或小乔木。奇数羽状复叶，叶轴具宽的叶状翅；小叶 5~13 枚，卵形或椭圆状卵形或长圆形，（6~12）cm×（3~7）cm，先端急尖，基部圆形，边缘具粗齿，被白粉。圆锥花序顶生，宽大，多分枝；雄花序长 30~40 cm，雌花序较短，密被锈色柔毛。核果球形，被具节柔毛和腺毛。花期 8~9 月，果期 10 月。

见于槭树园、翠竹园、果木园、天目园，衣锦校区等。

秋色叶树种供观赏；五倍子蚜虫寄主植物；供土农药及药用等。

木蜡树

Toxicodendron sylvestre (Sieb. et Zucc.) O. Kuntze

漆树科 Anacardiaceae

漆 属 *Toxicodendron*

落叶小乔木。幼枝和芽被黄褐色茸毛。奇数羽状复叶互生，叶轴和叶柄密被黄褐色茸毛；小叶 7~14，纸质，卵形至长圆形，（4~10）cm×（2~4）cm，先端尖，基部歪斜，圆形或阔楔形，全缘，两面被柔毛。圆锥花序腋生，被柔毛。核果扁球形，顶端偏斜。花期 4~5 月，果期 7~9 月。

见于槭树园、天目园等。

供观赏及制皂、油墨及油漆等。

臭椿
Ailanthus altissima (Mill.) Swingle

苦木科 Simaroubaceae

臭椿属 *Ailanthus*

落叶乔木。奇数羽状复叶；小叶 13~27 枚，对生或近对生，纸质，卵状披针形，（7~13）cm×（2.5~4）cm，先端长渐尖，基部偏斜、截形或稍圆，基部两侧各具 1~2 个粗锯齿，齿背有 1 腺体，具臭味。圆锥花序顶生；花淡绿色，花瓣 5；雄蕊 10。翅果长椭圆形；种子位于翅的中间，扁圆形。花期 4~5 月，果期 8~10 月。

见于槭树园、天目园，衣锦校区等。

供用材及药用等。

苦楝
Melia azedarach Linn.

楝科 Meliaceae

楝属 *Melia*

落叶乔木。树皮灰褐色，纵裂。二至三回奇数羽状复叶；小叶对生，卵形、椭圆形至披针形，顶生一片通常略大，（3~7）cm ×（2~3）cm，先端短渐尖，基部楔形或宽楔形，多少偏斜，边缘有钝锯齿，幼时被星状毛。圆锥花序腋生；花淡紫色；芳香。核果球形至椭圆形；种子椭圆形。花期 4~5 月，果期 10~12 月。

见于盆景园、天目园，衣锦校区等。

供用材及药用等。

酢浆草
Oxalis corniculata Linn.

酢浆草科 Oxalidaceae

酢浆草属 *Oxalis*

多年生草本。全株被柔毛。根茎稍肥厚。叶基生或茎上互生，托叶小，叶柄基部具关节；小叶 3，无柄，倒心形，（4~16）mm×（4~22）mm，先端凹入，基部宽楔形，两面被柔毛或表面无毛，沿脉被毛较密，边缘具贴伏缘毛。花单生或数朵集为伞形花序状，腋生；花黄色。蒴果长圆柱形，五棱。种子具横向肋状网纹。花果期 2~9 月。

见于各园区。

全草入药。

关节酢浆草
Oxalis articulate Savigny

酢浆草科　Oxalidaceae

酢浆草属　*Oxalis*

多年生常绿草本。具粗短地下鳞茎。三出掌状复叶，基生。伞形花序顶生；花红色，鲜艳；萼片 5 枚；雄蕊 10 枚；子房 5 室。蒴果。花期 4~11 月。

见于各园区。

可作地被植物或药用。

野老鹳草
Geranium carolinianum Linn.

牻牛儿苗科 Geraniaceae

老鹳草属 *Geranium*

一年生草本。茎密生倒向短柔毛。茎生叶互生或最上部对生；叶片圆肾形，(2~3) cm×(4~6) cm，基部心形，掌状5~7深裂至近基部，裂片楔状倒卵形或菱形，下部楔形、全缘，上部羽状深裂。聚伞花序腋生和顶生，每总花梗具2花；花淡紫红色。蒴果被短糙毛。花期4~7月，果期5~9月。

见于各园区。

全草入药。

八角金盘

Fatsia japonica (Thunb.) Decne. et Planch.

五 加 科 Araliaceae

八角金盘属 *Fatsia*

常绿灌木。叶片革质，近圆形，掌状 7~9 深裂，裂片长椭圆状卵形，先端短渐尖，基部心形，边缘有疏离粗锯齿。伞形花序再成圆锥花序，顶生；花黄白色。果实近球形，熟时黑色。花期 10~11 月，果期翌年 4 月。

见于各园区。

供地被、观赏等。

中华常春藤

Hedera nepalensis var. *sinensis* (Tobl.) Rehd.

五加科 Araliaceae

常春藤属 *Hedera*

常绿攀缘灌木。叶片革质，不育枝上常为三角状卵形或三状长圆形，长（5~12）cm×（3~10）cm，先端短渐尖，基部截形，边缘全缘或 3 裂；花枝上的叶片常为椭圆状卵形至椭圆状披针形，略歪斜而带菱形，全缘或有 1~3 浅裂。伞形花序单个顶生，或再成圆锥花序；花绿白色，芳香。浆果球形，橙色。花期 9~11 月，果期翌年 3~5 月。

见于金缕梅园、文学花园、盆景园，衣锦校区等。

供药用及观赏。

蛇床
Cnidium monnieri (Linn.) Cuss.

伞形科 Umbelliferae

蛇床属 *Cnidium*

一年生草本。根圆锥状，较细长。茎直立或斜上，多分枝，中空，表面具深条棱，粗糙。下部叶具短柄，叶鞘短宽，边缘膜质，上部叶柄全部鞘状；叶片卵形至三角状卵形，二至三回三出羽状全裂。复伞形花序顶生及侧生；花白色。果椭圆形，分果长圆状，主棱 5，扩大成翅。花期 4~7 月，果期 6~10 月。

见于各园区。

果实名“蛇床子”，入药。

天胡荽
Hydrocotyle sibthorpioides Lam.

伞形科 Umbelliferae

天胡荽属 *Hydrocotyle*

多年生草本。茎匍匐，节部生根。叶片膜质至草质，圆形或肾圆形，（0.5~1.5）cm×（0.8~2.5）cm，基部心形，不分裂或5~7浅裂，每裂片再2~3浅裂，边缘有钝齿；叶柄长0.7~9 cm；托叶薄膜质。伞形花序双生于茎顶，或单生于节上；花瓣绿白色，有腺点。果实略呈心形。花果期4~9月。

见于各园区。

全草入药。

窃衣
Torilis scabra (Thunb.) DC.

伞形科　Umbelliferae

窃衣属　*Torilis*

二年生草本。茎生倒向贴生短硬毛。基生叶早枯，下部茎生叶柄长 2~6 cm，叶片二回羽状全裂，小裂片披针形至卵形，（5~10）mm ×（2~8）mm，先端渐尖，边缘有整齐缺刻或分裂，两面具短毛；茎中上部叶与下部叶相似，渐小，叶柄全部成鞘。复伞形花序顶生，常无总苞，伞幅 3~5。分生果长圆形，表面密被斜上弯皮刺。花果期 4~7 月。

见于各园区。

夹竹桃
Nerium oleander Linn.

夹竹桃科 Apocynaceae

夹竹桃属 *Nerium*

常绿灌木。嫩枝具棱。叶 3~4 枚轮生，下部者多对生，条状披针形，先端急尖，基部楔形，叶缘反卷，（11~15）cm×（2~2.5）cm，叶背有多数洼点；中脉在叶面陷入，在叶背凸起，侧脉直达叶缘；叶柄内具腺体。聚伞花序顶生；花红色、粉红色或白色至黄色，花冠喉部具 5 片宽鳞片状副花冠。蓇葖果 2，离生，具细纵条纹。花期夏秋，果期常在冬春季。

见于文学花园、杜鹃谷，衣锦校区等。

观花；叶及枝皮可提制强心剂，有毒慎用。

络石

Trachelospermum jasminoides (Lindl.) Lem.

夹竹桃科 Apocynaceae

络 石 属 *Trachelospermum*

常绿木质藤本，具乳汁。叶革质或近革质，椭圆形至卵状椭圆形或宽倒卵形，（2~10）cm×（1~4.5）cm，先端锐尖至渐尖或钝，有时微凹或有小凸尖，基部渐狭至钝；叶柄内和叶腋外腺体钻形。二歧聚伞花序腋生或顶生；花白色，芳香。蓇葖果双生；种子褐色，具白色种毛。花期 3~7 月，果期 7~12 月。

见于各园区。

观赏、药用及纤维植物。

龙葵
Solanum nigrum Linn.

茄科 Solanaceae

茄属 *Solanum*

一年生直立草本。叶片卵形，（2.5~10）cm×（1.5~5.5）cm，先端短尖，基部楔形至宽楔形而下延，全缘或具不规则波状粗齿，光滑或两面均被稀疏短柔毛。蝎尾状聚伞花序腋外生；花冠白色，花丝短，花药黄色。浆果球形，熟时黑色。

见于各园区。

全株入药；嫩茎叶可作野菜等。

白棠子树
Callicarpa dichotoma (Lour.) K. Koch

马鞭草科 Verbenaceae

紫珠属 *Callicarpa*

落叶灌木。枝细长，略呈四棱形，淡紫红色。叶对生；叶片纸质，倒卵形，（3~6）cm×（1~2.5）cm，先端尖，基部楔形，边缘上半部疏生锯齿，下面密生下凹的黄色腺点；叶柄长 2~5 mm。聚伞花序腋生，2~3 次分歧，总花梗纤细；花萼有腺点，花冠淡紫红色。核果球形，紫色，径约 2 mm。花期 6~7 月，果期 9~11 月。

见于槭树园、果木园等。

花果供观赏；叶、根和果药用。

大青

Clerodendrum cyrtophyllum Turcz.

马鞭草科 Verbenaceae

大青属 *Clerodendrum*

落叶灌木或小乔木，具臭味。叶纸质，叶片椭圆形至长圆状披针形，(8~20) cm × (3~8) cm，先端尖，全缘，萌枝上的常有锯齿，两面沿脉疏被短柔毛。伞房状聚伞花序顶生或腋生；花萼被黄褐色短柔毛；花冠白色，高脚蝶状。果球形至倒卵形，熟时蓝紫色，萼片宿存，鲜红色。花果期 7~8 月，果期 11~12 月。

见于蔷薇园、果木园、文学花园、天目园。

嫩茎叶供野菜；叶、根药用；果供观赏。

马鞭草
Verbena officinalis Linn.

马鞭草科 Verbenaceae
马鞭草属 *Verbena*

多年生草本。茎四方形，被硬毛。叶片卵圆形至长圆状披针形，（2~8）cm ×（1.5~5）cm，基生叶边缘有粗锯齿和缺刻，茎生叶 3 深裂或羽状深裂，裂片边缘有锯齿，两面均有硬毛，基部楔形下延至叶柄。穗状花序顶生或腋生；花小，初密集，果时疏离；花冠淡紫红色。果长圆形。花期 5~6 月，果期 7~9 月。

偶见于各园区。

全草药用。

美女樱
Verbena × hybrida Hort. ex Vilm

马鞭草科 Verbenaceae

马鞭草属 *Verbena*

多年生草本。全株被灰白色长毛。茎四棱形，常成匍匐状。叶对生，叶片长圆形、卵圆形或三角状披针形，先端急尖，基部楔形下延至叶柄，边缘具缺刻状圆锯齿；叶柄短。穗状花序短缩，顶生，密集呈伞房状；花小而密集，苞片狭披针形；花萼长圆筒形；花色丰富。花果期 4~10 月。

偶见于各园区。

原产于南美。供观赏。

细风轮菜

Clinopidium gracile (Benth.) Matsumura

唇形科 Labiatae

风轮菜属 *Clinopidium*

多年生纤细草本。茎四棱形，具倒向短柔毛。叶片圆卵形或卵形，（1~3）cm×（0.8~2）cm，先端钝或急尖，基部圆形或宽楔形，边缘具锯齿，上面近无毛，下面脉上疏生短毛；叶柄密被短柔毛。轮伞花序组成顶生总状花序；花梗、花萼有毛，花冠粉红色或淡紫色。小坚果卵球形。花果期 5~10 月。

见于各园区。

全草药用。

活血丹
Glechoma longituba (Nakai) Kupr.

唇形科 Labiatae

活血丹属 *Glechoma*

多年生匍匐草本。全株含芳香油。叶片心形至肾形，（1~3）cm×（1.2~4）cm，先端钝圆，基部心形，边缘具圆齿。轮伞花序通常 2 花；花萼管状，外面有长柔毛，萼齿先端芒状，边缘具缘毛；花冠淡紫红色，下唇具深色斑点，花冠筒上部膨大成钟形，有长筒与短筒两型。小坚果长圆状卵形，顶端圆。花期 4~5 月，果期 5~6 月。

见于各园区。

茎、叶入药。

宝盖草
Lamium amplexicaule Linn.

唇形科 Labiatae

野芝麻属 *Lamium*

二年生矮小草本。茎四棱形，基部多分枝。叶片圆形或肾形，（0.5~2.0）cm×（1.2~2.5）cm，先端圆，基部截形或心形，边缘具深圆齿，两面有伏毛；下部叶有长柄，上部叶近无柄。轮伞花序具 6~10 花，近无梗；花萼钟状，萼齿披针状钻形，与萼筒近等长，均有长柔毛；花冠紫红色至粉红色。小坚果倒卵状三棱形，有白色疣状突起。花果期 4~5 月。

见于各园区。

供观赏等。

益母草
Leonurus artemisia (Lour.) S. Y. Hu

唇形科 Labiatae

益母草属 *Leonurus*

一、二年生草本。茎四棱形，粗壮。叶形变化大，基生叶圆心形，径 4~9 cm，边缘 5~9 浅裂，茎生者下部掌状 3 全裂，上部条形或条状披针形，全缘或具稀牙齿；叶柄向上渐短。轮伞花序具 8~15 花；花萼钟状管形，具 5 脉，花冠多紫红色或粉红色。小坚果长圆状三棱形，顶端截平。花期 5~7 月，果期 8~9 月。

见于各园区。

全草含生物碱，药用。

石荠苎
Mosla scabra (Thunb.) C. Y. Wu et H. W. Li

唇形科 Labiatae

荠苎属 *Mosla*

一年生直立草本。茎四棱形，密被短柔毛。叶片卵形或卵状披针形，（1.5~4.5）cm×（0.6~2）cm，先端急尖或钝，基部圆形或楔形，边缘具锯齿，上面有微柔毛，下面密布黄色腺点，沿脉上有毛。轮伞花序组成顶生总状花序；花萼钟形，外面疏生柔毛；花冠粉红色，花冠筒向上渐扩大。小坚果球形，有密网纹。花果期 6~10 月。

见于各园区。

全草入药；也可供观赏。

紫苏
Perilla frutescens (Linn.) Britt.

唇形科 Labiatae

紫苏属 *Perilla*

一年生芳香草本。茎钝四棱形，被长柔毛。叶片宽卵形，（4~21）cm×（2.5~16）cm，先端尖，基部圆形或宽楔形，边缘有粗锯齿，两面绿色或紫色，或仅下面紫色，两面具毛，叶柄尤密。轮伞花序2花，组成偏向一侧的总状花序；花萼钟形，果时增大，密被柔毛，杂有黄色腺点；花冠白色至紫红色，略被毛。小坚果三棱状球形。花期8~10月，果期9~11月。

见于各园区。

全草药用；枝叶可作香料。

车前
Plantago asiatica Linn.

车前科 Plantaginaceae

车前属 *Plantago*

多年生草本。根状茎短而肥厚。叶基生，莲座状，叶片卵形至宽卵形，（4~12）cm×（4~9）cm，先端钝，基部楔形，全缘或有波状浅齿，叶脉弧状；叶柄基部膨大。花葶较叶短或超出，穗状花序排列疏散；花小，绿白色，苞片和萼片都有绿色龙骨状突起；花冠裂片三角状长圆形。蒴果椭圆形，近中部盖裂。花果期 4~8 月。

见于各园区。

全草药用，具有清热利尿、止咳等功效。

附：北美车前
Plantago virginica Linn.

与车前的主要区别：全株被白色长柔毛；叶片狭倒卵形或倒披针形；穗状花序密生多数小花；蒴果宽卵形。

原产于北美。见于各园区。

外来有害植物，应注意防控。

大叶醉鱼草
Buddleja davidii Franch.

醉鱼草科 Buddlejaceae

醉鱼草属 *Buddleja*

落叶灌木。叶对生，叶片膜质至薄纸质，狭卵形至卵状披针形，（1~20）cm ×（0.3~7.5）cm，先端渐尖，基部宽楔形至钝，边缘具细锯齿；叶柄长 1~5 mm。总状或圆锥状聚伞花序顶生；花萼钟状；花冠淡紫色，后变黄白色至白色，芳香。蒴果狭椭圆形或狭卵形。花期 5~10 月，果期 9~12 月。

见于槭树园、文学花园等。

供观赏等。

金钟花
Forsythia viridissima Lindl.

木犀科　Oleaceae

连翘属　*Forsythia*

落叶灌木。小枝四棱形，枝髓薄片状。单叶对生，叶片薄革质或纸质，椭圆状长圆形至卵状披针形，先端尖，基部楔形，边缘中部以上有锯齿，中脉上面常微凹，下面凸起。花 1~3 朵簇生于叶腋，先叶开放；花萼钟形，长为花冠筒之半，先端钝；花冠黄色，钟形，4 深裂。蒴果卵球形。花期 3~4 月，果期 7~8 月。

见于盆景园、水景园、杜鹃谷，衣锦校区等。

花供观赏，果可药用。

云南黄馨
Jasminum mesnyi Hance

木犀科 Oleaceae

素馨属 *Jasminum*

常绿披散状灌木。茎四棱形。叶对生，三小叶复叶，稀单叶；叶片长圆状卵形或披针形，先端钝，有小尖头，基部楔形，侧生小叶长 1.5~3.5 cm，无柄，顶生小叶长 2.5~6.5 cm，有短柄。花大，单生于叶腋，花叶同放；花萼钟形；花冠黄色，半重瓣。浆果圆球形。花期 3~4 月，果期翌年 4~5 月。

见于各园区。

供观赏等。

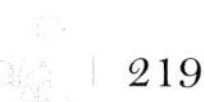

金森女贞

Ligustrum japonicum Thunb. 'Howardii'

木犀科 Oleaceae

女贞属 *Ligustrum*

常绿灌木。小枝灰褐色或淡灰色。叶片厚革质，宽卵状椭圆形至椭圆形，（5~8）cm×（2.5~5.5）cm，先端锐尖或渐尖，基部楔形至圆形，叶缘平或微反卷；春季新叶鲜黄色，后转为金黄色。圆锥花序顶生，长5~17 cm；花白色。浆果状核果，长圆形或椭圆形，紫黑色，外被白粉。花期6月，果期10月。

见于各园区。

常作地被植物、色块配置等。

女贞
Ligustrum lucidum W. T. Aiton

木犀科 Oleaceae

女贞属 *Ligustrum*

常绿乔木。单叶对生，叶片革质而脆，卵形至椭圆状卵形，（8~13）cm×（6~6.5）cm，先端尖，基部宽楔形，下面有腺点，全缘。圆锥花序顶生；花近无梗，花萼杯形，先端近截平；花冠白色，花冠筒顶端 4 裂，裂片与花冠筒近等长。浆果状核果，长圆形，熟后蓝黑色。花期 7 月，果期 10 月至翌年 3 月。

见于各园区。

供园林绿化及药用等。

木犀
Osmanthus fragrans (Thunb.) Lour.

木犀科 Oleaceae

木犀属 *Osmanthus*

常绿乔木或小乔木。芽常 2~6 个叠生。叶对生；叶片革质，椭圆形、长椭圆形至倒卵状长椭圆形，（6~18）cm×（2~4.5）cm，先端渐尖或急尖，基部楔形，叶缘具锯齿或全缘。花 4~12 朵簇生或束生于叶腋；花冠淡黄白色、黄色至橙红色，芳香。核果椭圆形，熟时紫黑色。花期 8~10 月，果期翌年 3~5 月。

见于各园区。

供庭院绿化、高档香料及药用等。

附：丹桂

Osmanthus fragrans (Thunb.) Lour. 'Aurantiacus Group'

金桂

Osmanthus fragrans (Thunb.) Lour. 'Luteus Group'

银桂

Osmanthus fragrans (Thunb.) Lour. 'Albus Group'

四季桂

Osmanthus fragrans (Thunb.) Lour. 'Asiaticus Group'

与木犀的主要区别：丹桂花橙红色，金桂花橙黄色，银桂花乳白色至淡黄色，花期均为 8~10 月。四季桂花淡黄色，一年可多次开花。

通泉草
Mazus pumilus (N. L. Burm.) Steenis

玄参科 Scrophulariaceae

通泉草属 *Mazus*

一年生草本。基生叶莲座状或早落，叶片卵状披针形至倒卵形匙形，（2~6）cm ×（0.8~15）cm；先端圆钝，边缘具不规则的粗钝齿，稀基部有 1~2 浅羽裂，叶基下延至柄成翅状；茎生叶与基生叶相似或几等大。总状花序顶生；花萼钟状，花冠淡蓝紫色或白色，二唇形。蒴果球形；种子斜卵形或肾形。花果期 4~10 月。

见于各园区。

全草药用。

泡桐

Paulownia fortunei (Seem.) Hemsl.

玄参科 Scrophulariaceae

泡桐属 *Paulownia*

落叶乔木。小枝有明显皮孔，幼时常被黄褐色毛。叶对生；叶片长卵状心形，先端尖，被毛；叶柄长达 12 cm，常有毛。聚伞圆锥花序顶生；花萼倒圆锥形，肥厚，常浅裂，花冠钟形或漏斗形，白色或淡紫色，裂片稍反卷。蒴果木质，长圆形或长圆状椭圆形，顶端具短喙；花萼宿存。花期 3~5 月，果期 8~9 月。

见于金缕梅园、盆景园、天目园，衣锦校区等。

用材、药用及绿化树种。

毛地黄钓钟柳
Penstemon digitalis Nutt.

玄参科 Scrophulariaceae

钓钟柳属 *Penstemon*

多年生常绿草本，株高 60~90 cm。茎直立丛生，稍被白粉，基部稍木质化。叶交互对生，基生叶莲座状，长达 10 cm，卵形，叶缘有细锯齿，茎生叶披针形；无柄。大型聚伞圆锥花序顶生，长达植株高度的 1/3；花略下垂，花冠钟状唇形，紫色、玫瑰红色、紫红色或白色，具条纹。花期 5~6 月或 7~10 月。

见于槭树园。

原产于北美。供花坛、花境或绿岛栽植。

阿拉伯婆婆纳
Veronica persica Poir.

玄参科 Scrophulariaceae

婆婆纳属 *Veronica*

一、二年生草本，全株有毛。茎密生2列多节柔毛。茎基部叶对生，上部叶互生；叶片卵圆形或卵状长圆形，（6~20）mm×（5~18）mm，先端圆钝，边缘有粗钝齿，基部浅心形、平截或圆形。花序顶生，苞叶与茎生叶同型；花单生于苞腋，花梗明显长于苞叶；花淡蓝色，有深蓝色脉纹。蒴果肾形，宽大于长，被腺毛。花果期2~5月。

见于各园区。

原产于亚洲西部及欧洲。全草药用。

爵床
Rostellularia procumbens (Linn.) Nees.

爵床科 Acanthaceae

爵床属 *Rostellularia*

一年生草本。茎具6钝棱及浅槽，疏被倒生短毛，节稍膨大。叶对生；叶片卵形、椭圆形或椭圆状长圆形，（2~5）cm×（1~3）cm，先端急尖或钝，全缘或微波状，基部楔形，两面贴生横列的粗大钟乳体，下面沿脉疏生短硬毛。穗状花序顶生或腋生，密生多花；花萼4深裂，背面密被粗毛；花冠多粉红色或紫红色。蒴果条形。花期8~11月，果期10~11月。

见于各园区。

全草药用。

杂种凌霄

Campsis × tagliabuana 'Madame Galen'

紫葳科 Bignoniaceae

凌霄属 *Campsis*

落叶木质藤本。茎具纵裂沟纹，常具气生根。奇数羽状复叶对生，小叶 9~11 枚，叶片卵形至卵状披针形，（3.5~6.5）cm ×（2~4）cm，先端长渐尖，基部宽楔形，两侧不等大，边缘有粗锯齿，下面被短毛。短圆锥花序顶生；花萼钟状，5 浅裂至萼筒 1/3~1/2 处，萼筒有纵肋但不明显，花冠漏斗状钟形，橙红色至鲜红色，径约 4 cm。蒴果荚果状，顶端具喙尖。花期 7~8 月，果期 10 月。

见于名花园、天目园，衣锦校区等。

观赏藤本；花药用。

半边莲
Lobeiia chinensis Lour.

桔 梗 科 Campanulaceae

半边莲属 *Lobeiia*

多年生匍匐草本，节上常生根。叶互生；叶片长圆状披针形或条形，（8~20）mm×（3~7）mm，先端急尖，基部圆形或宽楔形，全缘或先端有波状小齿。花单生叶腋，花梗细长；花萼筒倒长锥状，基部渐狭成柄；花冠粉红色或白色。蒴果倒圆锥状；种子椭圆状，稍扁压，近肉质。花果期 4~5 月。

见于各园区。

全草药用。

猪殃殃

Galium aparine Linn. var. *echinospermum* (Wallr.) Cufod

茜草科 Rubiaceae

拉拉藤属 *Galium*

蔓生或攀缘状草本。茎四棱，棱上、叶缘、中脉均有倒生的小刺毛。6~8 叶轮生；叶纸质或近膜质，倒披针形或长圆状倒披针形，（1~3）cm ×（0.2~0.4）cm，先端急尖，有短芒，基部渐狭，两面常有紧贴的刺状毛；近无柄。聚伞花序腋生或顶生，单生或 2~3 个簇生；花小，黄绿色或白色；花梗纤细。分果 2，近球形，密生钩毛。花期 4~5 月，果期 5~6 月。

见于各园区。

全草药用。

栀子
Gardenia jasminoides Ellis

茜草科 Rubiaceae

栀子属 *Gardenia*

常绿灌木。叶对生或3叶轮生；叶片革质，多倒卵状椭圆形至倒卵状长椭圆形，(4~14) cm×(2~4) cm，先端尖，基部楔形，全缘；叶柄短；托叶鞘状，膜质。花大，单生于枝顶或叶腋，芳香；萼筒倒圆锥形，裂片条状披针形；花冠白色，高脚蝶状。浆果橙黄色至橙红色，常卵形，具5~8纵棱。花期5~7月，果期8~11月。

见于天目园。

花供野菜；果入药，也供黄色染料或榨油；也供庭院观赏。

金毛耳草

Hedyotis chrysotricha (Palib.) Merr.

茜草科 Rubiaceae

耳草属 *Hedyotis*

多年生匍匐草本。节上生根，基部稍木质化。全株被柔毛。叶对生；叶片薄纸质或纸质，卵形或椭圆形，（1~2.8）cm×（0.6~1.5）cm，先端急尖，基部圆形，具缘毛；叶柄长 1~3 mm；托叶合生，先端齿裂。花 1~3 朵生于叶腋；花冠淡紫色或白色。蒴果球形，具长柔毛，萼片宿存。花期 6~8 月，果期 7~9 月。

见于各园区。

全草药用。

鸡矢藤
Paederia scandens (Lour.) Merr.

茜草科 Rubiaceae

鸡矢藤属 *Paederia*

多年生缠绕藤本。叶对生；叶片纸质，叶形变异大，卵形至披针形，（5~15）cm×（3~9）cm，先端急尖至短渐尖，基部心形至圆形，全缘，脉腋有脱落性簇毛；叶柄长 1.5~7 cm；托叶三角形，早落。圆锥状聚伞花序顶生和腋生；萼筒陀螺形；花冠筒钟形，浅紫色。果球形，熟时蜡黄色，具光泽。花期 7~8 月，果期 9~11 月。

见于各园区。

全草药用。

金边六月雪

Serissa japonica (Thunb.) Thunb. 'Aureo-marginata'

茜草科 Rubiaceae

白马骨属 *Serissa*

常绿小灌木。叶薄革质，狭椭圆形或狭椭圆状倒卵形，（6~20）mm×（3~6）mm，先端急尖，具小尖头，基部楔形，全缘，边缘具黄色或淡黄色条纹；叶柄极短；托叶先端分裂成刺毛状。花单生或数朵簇生于小枝顶端或叶腋，萼檐 4~6 裂，花冠白色稍带红紫色，裂片扩展，顶端 3 裂。花期 5~7 月。

见于桂花园等。

供园林绿化及盆栽观赏等。

金叶大花六道木

Abelia × *grandiflora* (André) Rehd. 'Francis Mason'

忍冬科 Caprifoliaceae

六道木属 *Abelia*

常绿灌木。小枝纤细弓曲下垂，紫红色。叶对生，叶片金黄色，长卵形，（2.5~3.0）cm × 1.2 cm，先端长渐尖，基部圆形或心形，边缘具疏浅齿。圆锥状聚伞花序顶生；花芳香，具小苞片；萼筒圆柱形，具纵条纹，萼檐 5 裂；花冠白色带粉红色，漏斗状。果实具宿存增大的红色萼片。花期 6~11 月。

见于蔷薇园、名花园、翠竹园，衣锦校区等。

供园林观赏。

忍冬
Lonicera japonica Thunb.

忍冬科 Caprifoliaceae

忍冬属 *Lonicera*

半常绿木质藤本。茎皮条状剥落；幼枝暗褐色，密生糙毛和腺毛。叶对生；叶片纸质，卵形至长圆状卵形，（3~8）cm×（1.5~3.5）cm，先端尖，基部圆形至近心形，边缘具缘毛；叶柄被毛。花双生，总花梗单生上部叶腋；苞片叶状；花白色，后变黄色，芳香，唇形，外面被倒生糙毛和腺毛。浆果球形，熟时蓝黑色。花期4~6月，果期10~11月。

见于各园区。

供药用、绿篱及花架等。

珊瑚树

Viburnum odoratissimum Ker.-Gawl. var. *awabuki* (K. Koch) Zabel ex Rumpl.

忍冬科 Caprifoliaceae

荚蒾属 *Viburnum*

常绿灌木或小乔木。叶对生；叶片革质，椭圆形、长圆形或长圆状倒卵形，先端钝或急尖，基部宽楔形，边缘有不规则的波状浅锯齿或近全缘，下面有暗红色腺点；叶柄长 1.5~3.5 cm。圆锥花序顶生；花芳香，花冠白色，辐状钟形，裂片反折。核果椭圆形，先红后变黑色。花期 5~6 月，果期 9~10 月。

见于各园区。

观花果、供绿篱等。

天目琼花

Viburnum opulus Linn. var. *calvescens* (Rehd.) Hara

忍冬科 Caprifoliaceae

荚蒾属 *Viburnum*

落叶灌木。叶对生；叶片纸质，卵圆形至宽卵形或倒卵形，(6~12) cm×(6~12) cm，常 3 裂，具掌状 3 脉，裂片边缘有不规则粗齿，小枝上叶片不分裂或 3 浅裂；叶柄顶端具 2~6 个腺体。复伞形状花序顶生，周围有大型的不孕花；花冠乳白色，辐状。核果近球形，熟时红色，核扁。花期 5~6 月，果期 9~10 月。

见于槭树园、院士林、天目园等。

供观赏及药用等。

锦带花红王子

Weigela florida (Bunge) A. DC. 'Red Prince'

忍冬科 Caprifoliaceae

锦带花属 *Weigela*

落叶灌木。叶对生；叶片倒卵形、卵状长圆形或倒卵形，（3~10）cm×（2~4）cm，先端渐尖，基部宽楔形，边缘有锯齿，上面疏生短柔毛，下面脉上密被白色短柔毛；叶柄长 2~5 mm；无托叶。花一至数朵成腋生或顶生聚伞花序；花冠筒状或漏斗状，深红色，外部有短柔毛。蒴果圆柱形。花期 4~5 月，果期 9~10 月。

见于槭树园、名花园等。

原产于日本。供庭院观赏。

黄花蒿

Artemisia annua Linn.

菊科 Compositae

蒿属 *Artemisia*

一年生多分枝草本。植株具特殊气味。基部及下部叶在花期枯萎；中部叶片卵圆形，（4~5）cm×（2~4）cm，二至三回羽状深裂，叶轴两侧具狭翅，裂片及小裂片长圆形或卵形，先端尖，基部耳状，两面被短柔毛，具短叶柄；上部叶小，通常一回羽状细裂，无叶柄。头状花序多数，排列呈圆锥状；总苞半球形，总苞片 2~3 层；花管状，黄色。瘦果椭圆形。花果期 6~10 月。

见于果木园、天目园等。

全草含青蒿素等，供药用。

微糙三脉紫菀

Aster ageratoides Turcz. var. *scaberulus* (Miq.) Ling

菊 科 Compositae

紫菀属 *Aster*

多年生草本。茎直立，常被糙毛。叶片卵圆形或卵状披针形，上面密被微糙毛，下面密被短柔毛，具较密的腺点；离基三出脉，网脉明显。头状花序，排列呈伞房状或圆锥状，总苞片 3 层，条状长圆形，有毛及缘毛，先端紫红色；缘花舌状，紫色或浅红色；盘花管状，黄色。瘦果倒卵状长圆形，被短粗毛，具冠毛。花果期 9~11 月。

见于各园区。

嫩茎叶供野菜等。

刺儿菜
Cirsium setosum (Willd.) MB.

菊科 Compositae

蓟属 *Cirsium*

多年生草本。基生叶和中部茎生叶椭圆形或椭圆状倒披针形，（7~10）cm×（1.5~2.5）cm，先端钝或圆，基部楔形，近全缘或有疏锯齿，两面绿色，有白色蛛丝状毛。头状花序直立；雌雄异株；总苞卵形或卵圆形，总苞片约6层，向内层渐长；花管状，紫红色或白色。瘦果椭圆形或长卵形，略扁平；冠毛羽毛状，污白色。花果期5~10月。

偶见于各园区。

全草药用。

大花金鸡菊

Coreopsis grandiflora Hogg. ex Sw.

菊　科 Compositae

金鸡菊属 *Coreopsis*

多年生草本。叶对生；基部叶片披针形或匙形，具长柄；下部叶片羽状全裂，裂片长圆形；中部以上叶片 3~5 深裂，裂片条形或披针形。头状花序单生于枝端，径 4~5 cm，具长梗；总苞片外层较短，有缘毛；缘花舌状，黄色，舌片宽大；盘花管状。瘦果宽椭圆形或近圆形，边缘具膜质宽翅。花果期 5~9 月。

见于木兰园、果木园、文学花园等。

原产于美洲。供观赏。

鳢肠
Eclipta prostrata Linn.

菊　科　Compositae

鳢肠属　*Eclipta*

一年生草本。叶片长圆状披针形或条状披针形，（3~8）cm×（5~12）mm，先端渐尖，基部楔形，全缘或有细齿，两面密被硬糙毛。头状花序腋生或顶生，卵形，有总梗；总苞球状钟形，2层，卵形或长圆形，先端钝或急尖，外部被紧贴的糙硬毛；缘花舌状，盘花管状，均为白色。瘦果三棱形或扁四棱形，顶端截形，具1~3个细齿，边缘具白肋。花果期8~10月。

见于各园区。

全草药用。

一年蓬
Erigeron annuus (Linn.) Pers.

菊 科 Compositae

飞蓬属 *Erigeron*

一、二年生草本。茎上部分枝，被开展或上弯短硬毛。基生叶花期枯萎，叶片长圆形或宽卵性，（4~15）cm×（1.5~4）cm，先端急尖或钝，基部渐狭呈具翅的长柄，边缘具粗齿；中部和上部叶片较小。头状花序排列呈疏圆锥状；总苞半球形，总苞片 3 层；缘花舌状，白色或淡蓝色，先端具 2 小齿；盘花管状，黄色。瘦果披针形。花果期 5~10 月。

见于各园区。

原产于北美。全草入药；嫩茎叶供野菜。

附：费城飞蓬
Erigeron philadelphicus Linn.

与一年蓬的主要区别：全体被开展长硬毛及短硬毛；基生叶卵形或卵状倒披针形，基部楔形下延成具翅长柄，叶柄基部常带紫红色，两面被倒伏的硬毛，茎生叶半抱茎。

大吴风草
Farfugium japonicum (Linn.) Kitam.

菊　科 Compositae

大吴风草属 *Farfugium*

多年生草本。根茎粗壮。叶基生，莲座状；叶片肾形，（4~15）cm×（6~30）cm，先端圆形，基部心形，边缘有尖头细齿或全缘，两面幼时被灰色柔毛；叶柄长10~38 cm，基部扩大呈短鞘。茎生叶苞片状，无柄，抱茎。头状花序排列成疏散伞房状；总苞钟形或宽陀螺形；缘花舌状，盘花管状，黄色。瘦果圆柱形，有纵肋，被短毛；冠毛棕褐色。花果 8 月至翌年 3 月。

见于名花园、文学花园等。

根入药；常作地被栽培。

鼠麴草
Gnaphalium affine D. Don

菊　科 Compositae

鼠麴草属 *Gnaphalium*

二年生草本。茎直立，丛生状，全株被白色绵毛。基部叶花后凋落，下部和中部叶匙状倒披针形或倒卵状匙形，（2~6）cm ×（0.3~1.0）cm，先端圆，具短尖，基部下延，全缘；无叶柄。头状花序多数，径 2~3 mm，近无梗，在枝顶密集成伞房状；总苞钟形，金黄色；缘花细管状，盘花管状。瘦果倒卵形或倒卵状圆柱形，有乳头状突起；冠毛污白色，易脱落。花果期 4~5 月。

见于各园区。

嫩茎叶供做清明团子等；全草入药。

泥胡菜

Hemisteptia lyrata (Bunge) Fisch & C. A. Mey.

菊　　科　Compositae

泥胡菜属　*Hemistepta*

一年生草本。茎有纵条纹，常有蛛丝状毛。基生叶莲座状，有柄，叶片倒披针形或披针状椭圆形，（7~21）cm×（2~6）cm，羽状深裂或琴状分裂，顶裂片较大；中部叶片椭圆形，先端渐尖，无柄；上部叶片小，条状披针形至条形，全缘或浅裂。头状花序具长梗，在枝端呈疏松伞房状；花全为管状花，紫红色。瘦果长圆形或倒卵形；冠毛白色。花果期 5~8 月。

见于各园区。

嫩茎叶供野菜及清明团子等。

马兰
Kalimeris indica (Linn.) Sch.-Bip.

菊 科 Compositae

马兰属 *Kalimeris*

多年生草本。具匐匍根状茎。基部叶在花期枯萎；茎生叶片披针形至倒卵状长圆形，（3~7）cm×（1~2.5）cm，先端钝或尖，基部渐狭，边缘从中部以上具锯齿，具长柄；上部叶片渐小。头状花序，单生于枝端，排列呈疏伞房状；总苞半球形，总苞片 2~3 层；缘花舌状，淡紫色。瘦果倒卵状长圆形；冠毛短毛状，易脱落。花果期 7~10 月。

见于各园区。

嫩茎叶可作蔬菜；全草药用。

千里光

Senecio scandens Buch.-Ham. ex D. Don

菊　科　Compositae

千里光属　*Senecio*

多年生攀缘状草本。叶互生；叶片卵状披针形至长三角形，（3~7）cm×（1.5~4）cm，先端长渐尖，基部楔形至截形，边缘具不规则钝齿或近全缘，有时下部具1~2对裂片；上部叶片渐小。头状花序多数，在茎枝端排成复伞房状或圆锥状聚伞花序；总苞杯状，总苞片条状披针形；缘花舌状，盘花管状，黄色。瘦果圆柱形；冠毛白色或污白色。花果期10~11月。

见于各园区。

茎叶入药；嫩茎叶可供野菜。

加拿大一枝黄花

Solidago canadensis Linn.

菊　　科 Compositae

一枝黄花属 *Solidago*

多年生草本，具横走根状茎。茎直立粗壮，高逾 1 m，密生短硬毛。叶互生，披针形或条状披针形，（12~30）cm ×（1.0~3.5）cm，三出脉，边缘具不明显锯齿，两面具短糙毛。头状花序再成蝎尾状圆锥花序，顶生；头状花序总苞片条状披针形；舌状花雌性，管状花两性。瘦果连萼长约 1 mm，有细毛；冠毛白色，长 3~4 mm。花期 9~10 月，果期 10~11 月。

见于各园区。

原产于北美。危害严重的入侵植物，应严加防控。

苍耳

Xanthium sibiricum Patrin. ex Widder

菊　科　Compositae

苍耳属　*Xanthium*

一年生草本。叶片三角状卵形或心形，（4~9）cm×（5~10）cm，先端钝或略尖，基部心形，全缘或 3~5 不明显浅裂，边缘有粗锯齿，基出三出脉，下面苍白色，被糙伏毛。雄性的头状花序球形；总苞片长圆状披针形；雌性的头状花序椭圆形，总苞片 2 层，内层结合呈囊状，瘦果成熟时变硬，外面疏生具钩的刺。瘦果倒卵形，具钩刺。花果期 9~10 月。

见于各园区。

果实入药。

黄鹌菜
Youngia japonica (Linn.) DC.

菊　科 Compositae

黄鹌菜属 *Youngia*

一年生草本。基生叶片长圆形、倒卵形或倒披针形，（8~12）cm×（0.5~2）cm，琴状或羽状浅裂至深裂，顶裂片较大，椭圆形，先端渐尖，基部楔形，侧生裂片向下渐小。头状花序小，排列成聚伞状圆锥花序；总苞钟状，具极小外苞片；花全为舌状，黄色。瘦果纺锤形，具纵肋和细刺；冠毛白色。花果期 4~9 月。

见于各园区。

嫩叶可供食用。

棕榈
Trachcarpus fortunei (Hook. f.) H. Wendl.

棕榈科　Palmae

棕榈属　*Trachcarpus*

常绿乔木。茎常被残存的纤维状老叶鞘包围。叶集生茎顶；叶片圆扇形，径50~100 cm，掌状深裂，裂片条形，先端具2浅裂，常直伸；叶柄坚硬，粗长而具三棱，具锯齿，基部扩大成鞘。肉穗花序圆锥状，外被革质佛焰苞；花小，淡黄色，雌雄异株。核果肾状球形至长椭圆形或肾形，黑色或蓝灰色，被白粉。花期5~6月，果期8~10月。

见于棕榈园、天目园，衣锦校区等。

供药用及园林绿化等；幼嫩花序轴可作野菜。

布迪椰子

Butia capitata (Mart.) Becc

棕榈科 Palmae

弓葵属 *Butia*

常绿灌木或小乔木。茎单生，叶基宿存，具纤维状叶鞘。叶集生枝顶，羽状全裂，正面蓝绿色，背面粉白色，叶长 2~4 m，下弯几近茎基部而呈弓形，羽片长披针形，长 70~80 cm；叶柄明显弯曲下垂，具长 8~11 cm 的刺，基部包被茎干。花序着生于叶腋，花序梗、苞片光滑；花小。果实椭圆形，3.5 cm×（2~3）cm，黄色或浅红色。花期 3~5 月，果期 10~11 月。

见于棕榈园。

原产于南美洲的阿根廷、乌拉圭、巴西等国。供观赏。

华盛顿棕榈

Washingtonia filifera (Lind. ex Andre) H. Wendl.

棕榈科 Palmae

丝葵属 *Washingtonia*

常绿乔木。树干圆柱状，具明显纵向裂缝和环状叶痕。叶大型，叶片径达 1.8 m，分裂至中部而成 50~80 个裂片，裂片先端又再分裂，在裂片之间及边缘具灰白色的丝状纤维；叶柄与叶片近等长，基部扩大成革质的鞘，近基部宽 15 cm，在老树的叶柄下半部具正三角形的刺。花序大型，弓状下垂，佛焰苞管状。果实卵球形，亮黑色，顶端具刚毛状宿存花柱。花期 7 月。

见于棕榈园、文学花园、名花园等。

原产于美国及墨西哥。供园林观赏。

菖蒲

Acorus calamus Linn.

天南星科 Araceae

菖蒲属 *Acorus*

多年生常绿草本。根状茎粗壮，外皮黄褐色，横走，肉质根多数，芳香。叶基生；基部对折成鞘状，两侧的膜质部分宽 4~5 mm，向上渐狭至叶长 1/3 处，脱落；叶片剑状条形，（90~150）cm ×（1~3）cm，两面均具明显隆起的中肋，侧脉 3~5 对。总花梗三棱形；叶状佛焰苞剑状条形；肉穗花序锥状圆柱形；花黄绿色。浆果红色。花期 6~7 月，果期 8 月。

见于水景园。

香料及药用植物，也供湿地绿化。

半夏
Pinellia ternata (Thunb.) Makino

天南星科 Araceae

半夏属 *Pinellia*

多年生草本。块茎圆球形。叶 2~5，稀 1；叶柄长 10~25 cm，基部具鞘，鞘内、鞘部以上或叶片基部具珠芽；幼苗叶片卵心形至戟形，全缘；成年植株叶片 3 全裂。总花梗长于叶柄；佛焰苞绿色，管部狭圆柱形，檐部长圆形，有时边缘呈青紫色，先端钝或锐尖；肉穗花序，附属物绿色至带紫色，长 6~10 cm。浆果卵圆形，黄绿色。花期 5~7 月，果期 7~8 月。

见于各园区。

块茎药用。

鸭跖草

Commelina communis Linn.

鸭跖草科 Commelinaceae

鸭跖草属 *Commelina*

一年生草本。叶片卵形至披针形，(4~9) cm × (1.5~2) cm，先端尖，基部宽楔形，近无柄；叶鞘近膜质，紧密抱茎，散生紫色斑点，鞘口有长睫毛。聚伞花序顶生；总苞片佛焰苞状，心状卵形；萼片 3，白色；花瓣 3，卵形，后方的 2 枚较大，蓝色，有长爪，前方 1 枚较小，白色，无爪。蒴果椭圆形，2 瓣裂。花果期 7~9 月。

见于各园区。

全草入药；也供观赏。

野灯心草

Juncus setchuensis Buchen.

灯心草科　Juncaceae

灯心草属　*Juncus*

多年生草本。根状茎横走。茎簇生，圆柱形，径 0.8~1.5 mm，有多数细纵棱。叶基生或近基生，叶片大多退化呈刺芒状；叶鞘中部以下紫褐色至黑褐色。复聚伞花序假侧生，常较开展；总苞片直立；先出叶卵状三角形，膜质；花被片卵状披针形，近等长。蒴果三棱状卵球形，顶端钝。花期 3~4 月，果期 4~7 月。

见于水景园、天目园等。

全草入药；也供湿地绿化。

香附子
Cyperus rotundus Linn.

莎草科 Cyperaceae

莎草属 *Cyperus*

多年生草本。具椭圆形块根。秆锐三棱形。叶互生，短于秆；叶片扁平，宽2~5 mm；叶鞘棕色，常撕裂成纤维状。苞片2~4，叶状，通常长于花序；聚伞花序简单或复出，具3~8个不等长辐射枝；穗状花序有3~10开展小穗，压扁，具花10~30朵，小穗轴有白色透明较宽的翅。小坚果三棱状。花果期6~10月。

见于各园区。

块茎药用，名“香附子”；也可提芳香油等。

水蜈蚣
Kyllinga brevifolia Rottb.

莎 草 科 Cyperaceae

水蜈蚣属 *Kyllinga*

多年生草本。具匍匐根状茎。秆散生，扁三棱形。叶长于秆或与秆等长；叶片条形，宽 1.5~3 mm，先端和背面上部中脉上稍粗糙，最下部 1~2 片为无叶片的叶鞘。苞片 3，叶状；穗状花序单一，近球形，淡绿色，密生多数小穗；小穗基部具关节，具 1 花；鳞片卵形。小坚果倒卵球形，扁双凸状。花果期 7~8 月。

见于各园区。

全草入药。

孝顺竹

Bambusa multiplex (Lour.) Raeusch. ex Schult. et Schult. f.

禾本科 Gramineae

箣竹属 *Bambusa*

地下茎合轴型，秆直立丛生。秆高4~7 m，径1.5~2.5 cm，节间长20~40 cm。箨鞘厚纸质，硬脆，先端不对称，长约为节间的1/4~3/4；箨耳缺如或微弱，边缘有少许缝毛；箨舌高约1 mm，全缘或具细缺刻；箨片直立，基部约与箨鞘先端近等宽。末级小枝具5~10枚；叶鞘无毛；叶舌平；叶片条形。笋期8~11月。

见于各园区。

供园林观赏。

毛竹

Phyllostachys edulis (Carrière) J. Houz.

禾本科 Gramineae

刚竹属 *Phyllostachys*

地下茎单轴型，秆直立散生。秆高达 20 m，粗达 18 cm，基部节间甚短，初时密被细柔毛和白粉，节上尤厚；向上逐节较长，秆环不明显；分枝以下箨环微隆起。秆箨厚革质，密被糙毛和深褐色斑点，具发达的箨耳和繸毛；箨舌发达，先端拱曲，边缘密生细须毛；箨片三角形至披针形。末级小枝具 4~6 枚；叶片披针形。笋期 3~4 月。

见于名花园、翠竹园等。

用材和笋用竹种；也供观赏。

附：龟甲竹

Phyllostachys edulis (Carrière) J. Houz 'Heterocycla'

与毛竹的主要区别：秆下部的节间极为缩短并于一侧肿胀，相邻的节交互倾斜而于一侧彼此上下相接或近于相接。

见于翠竹园。

供观赏。

紫竹
Phyllostachys nigra (Lodd. ex Lindl.) Munro

禾本科 Gramineae

刚竹属 *Phyllostachys*

地下茎单轴型。秆高 4~10 m，径 2~5 cm。新竹绿色，当年秋冬即逐渐呈现黑色斑点，以后全秆变为紫黑色。箨鞘淡棕色，密被粗毛；箨耳和繸毛发达，紫色；箨舌中度发达，先端拱突波状，边缘具极短须毛；箨片三角形至长披针形。叶片质薄，（7~10）cm×（0.8~1.2）cm。笋期 4 月中旬。

见于文学花园、翠竹园等。

观赏、工艺品及乐器用材；笋供食用。

鹅毛竹

Shibataea chinensis Nakai

禾本科 Gramineae

倭竹属 *Shibataea*

地下茎复轴型。秆高 60~100 cm，径 2~3 mm，几实心。秆下部节间圆筒形，上部具分枝的节间具沟槽，略呈三棱形；秆环隆起，各枝与秆之腋间的先出叶膜质，边缘生纤毛。箨鞘膜质，早落；箨耳无；箨片针状。每节 3~6 分枝。叶通常 1 枚生于枝顶，叶片厚纸质，卵状披针形，（6~10）cm ×（1~2.5）cm，基部不对称。笋期 5 月。

见于木兰园、翠竹园等。

供地被观赏。

菲白竹

Pleioblastus fortunei (Van Houtte) Nakai 'Variegatus'

禾本科 Gramineae

赤竹属 *Pleioblastus*

地下茎复轴型。秆高 10~80 cm，径 2~3 mm，丛生状；每节 1 分枝。秆箨宿存；箨鞘两肩有白色直立的缝毛；箨片有白色条纹，先端紫色。末级小枝具叶 4~7 枚；叶鞘无毛，鞘口有白色缝毛；叶片披针形，（5~9）cm×（0.7~1.0）cm，先端渐尖，基部宽楔形或近圆形，叶面绿色间有黄色、淡黄色或白色的纵条纹。笋期 5~6 月。

见于翠竹园，衣锦校区等。

供地被观赏。

狗牙根

Cynodon dactylon (Linn.) Pers.

禾本科 Gramineae

狗牙根属 *Cynodon*

多年生草本。具横走的根状茎，根系发达。秆匍匐地面，长达 1 m。叶鞘具脊，无毛或疏生柔毛；叶舌短，具小纤毛；叶片狭披针形至条形，（1~6）cm×（0.1~0.3）cm。穗状花序，3~6 枚指状排列于茎顶；小穗灰绿色或带紫色，含 1 小花；颖狭窄，几等长或第 2 颖较长；内稃与外稃等长。花果期 5~10 月。

见于各园区。

供地被植物。

牛筋草
Eleusine indica (Linn.) Gaertn.

禾本科 Gramineae

䅟 属 *Eleusine*

一年生草本。秆丛生，高 15~90 cm。叶鞘压扁，具脊；叶舌长约 1 mm；叶片扁平或卷折，（8~15）cm×（0.3~0.5）cm。穗状花序长 3~8 cm，二至数枚指状排列于秆顶，有时其中有 1 枚或 2 枚可生于其他花序之下；小穗长 4~7 mm，含 3~6 小花。种子卵球形，有波状皱纹。花果期 9~10 月。

见于各园区。

大白茅

Imperata cylindrica var. *major* (Nees) C. E. Hubb.

禾本科 Gramineae

白茅属 *Imperata*

多年生草本。具横走根状茎，根状茎密生鳞片。秆丛生，高 25~80 cm，具 2~3 节，节上具长柔毛。叶鞘无毛，老时在基部常成纤维状；叶舌干膜质；叶片扁平，（5~60）cm×（0.2~0.8）cm，先端渐尖，基部渐狭。圆锥花序圆柱状顶生，分枝短缩密集；小穗披针形或长圆形，基盘及小穗柄均密生丝状柔毛。花果期 5~9 月。

见于各园区。

根茎入药，也供水土保持植物。

黑麦草
Lolium perenne Linn.

禾 本 科 Gramineae

黑麦草属 *Lolium*

多年生草本。秆多数丛生，高 40~50 cm，具 3~4 节。叶鞘疏松，常短于节间；叶舌短小；叶片质地柔软，扁平，（10~20）cm×（0.3~0.6）cm。穗状花序顶生，长 10~20 cm，穗轴节间长 5~15 mm，下部者长达 2 cm 以上；小穗长 1~1.5 cm，含 7~11 小花；颖短于小穗；外稃披针形，内稃稍短于外稃或与之等长。花果期 3~4 月。

偶见于各园区。

原产于欧洲。优良牧草饲料及地被植物。

五节芒

Miscanthus floridulus (Lab.) Warb. ex Schum et Laut.

禾本科 Gramineae

芒 属 *Miscanthus*

多年生草本。根状茎发达。秆高 1~2.5 m，节下常具白粉。叶片长而扁平，（25~60）cm×（1.5~3）cm，先端长渐尖，中脉粗壮隆起，边缘粗糙；叶鞘无毛或边缘及鞘口有纤毛；叶舌长 1~3 mm。圆锥花序顶生，长 30~50 cm，主轴显著延伸几达花序的顶端，或至少达花序的 2/3 以上；总状花序细弱；小穗卵状披针形。花果期 5~11 月。

见于槭树园、天目园等。

造纸及能源植物。

双穗雀稗

Paspalum paspaloides (Michx.) Scribn.

禾本科 Gramineae

雀稗属 *Paspalum*

多年生草本。匍匐茎长达 1 m，向上直立部分高 20~40 cm。叶鞘松弛，背部具脊；叶舌长 1~3 mm；叶片披针形，(3~15) cm × (0.2~0.7) cm。总状花序常 2 枚，近对生，位于主轴顶端，张开呈叉状，长 2~6 cm；小穗倒卵状长圆形，长约 3 mm；第一颖退化或微小；外稃具 3~5 脉；内稃草质。花果期 5~9 月。

见于水景园、天目园，衣锦校区等。

狼尾草

Pennisetum alopecuroides (Linn.) Spreng.

禾本科 Gramineae

狼尾草属 *Pennisetum*

多年生草本。秆丛生，花序以下常密被柔毛。叶鞘两侧压扁，基部相互跨生；叶舌短小，长不及 0.5 mm，具一圈纤毛；叶片条形，（15~20）cm ×（0.2~0.6）cm，通常内卷。圆锥花序紧缩成圆柱状，长 5~20 cm，直立或弯曲，主轴硬，密生柔毛；小穗披针形，长 6~9 mm；刚毛长 1~2.5 cm，具向上微小的糙刺，成熟后常黑紫色。花果期 7~10 月。

见于槭树园、天目园等。

早熟禾
Poa annua Linn.

禾本科 Gramineae

早熟禾属 *Poa*

一、二年生草本。秆柔软，高 10~25 cm。叶鞘光滑无毛，常自中部以下闭合，长于节间，或在上部者短于节间；叶舌膜质，半圆形，长 1~2.5 mm；叶片柔软，(2~10) cm × (0.1~0.5) cm，先端呈船形。圆锥花序开展，卵圆形，每节有 1~3 分枝；小穗长 3~6 mm，含 3~5 小花。颖果纺锤形。花果期 3~5 月。

见于各园区。

鹅观草

Roegneria tsukushiensis (Honda) B. R. Lu et al. var. *transiens* (Hack.) B. R. Lu et al.

禾 本 科 Gramineae

鹅观草属 *Roegneria*

秆直立或基部倾斜，高 30~100 cm。叶鞘长于节间或上部的较短；叶舌纸质，截平，长约 0.5 mm；叶片扁平，（5~30）cm ×（0.3~1.5）cm。穗状花序顶生，长 10~20 cm，下垂，穗轴边缘粗糙或具小纤毛；小穗长 15~20 mm，含 3~10 小花；颖卵状披针形至长圆状披针形，先端渐尖至具长 2~7 mm 的芒。花果期 4~7 月。

见于各园区。

狗尾草
Setaria viridis (Linn.) Beruv.

禾本科 Gramineae

狗尾草属 *Setaria*

一年生草本。秆直立或基部膝曲，高 10~100 cm。叶鞘较松弛，无毛或具柔毛；叶舌具纤毛；叶片扁平，（3~15）cm×（0.2~1.5）cm，先端渐尖，基部略呈钝圆形或渐窄。圆锥花序紧密呈圆柱形，长 2~10 cm；小穗轴脱节于颖之下；刚毛多数，长 4~12 mm，粗糙；小穗椭圆形，长 2~2.5 mm，顶端钝。花果期 5~10 月。

见于各园区。

沟叶结缕草

Zoysia matrella (Linn.) Merr.

禾本科 Gramineae

结缕草属 *Zoysia*

多年生草本。具横走根茎。秆直立，高 12~20 cm。叶鞘长于节间，除鞘口具长柔毛外，余无毛；叶舌短而不明显，先端撕裂为短柔毛；叶片质硬，内卷，上面具沟。总状花序细柱形，长 2~3 cm，宽约 2 mm；小穗长 2~3 mm，卵状披针形，黄褐色或略带紫褐色。颖果长卵形，长约 1.5 mm。花期 7 月，果期 7~10 月。

见于各园区。

优良草坪植物。

水烛
Typha angustifolia Linn.

香蒲科 Typhaceae

香蒲属 *Typha*

多年生沼生草本。茎高 1~2.5 m，根状茎乳黄色、灰黄色，先端白色。叶片条形，扁平，（35~120）cm×（0.4~0.9）cm，先端急尖，基部扩大成抱茎的鞘，鞘口两侧有膜质叶耳。穗状花序顶生，长 30~60 cm，上部雄花部分与下部雌花部分间隔 2~9 cm。果序棒状；小坚果长 1~1.5 mm。花期 6~7 月，果期 8~10 月。

见于水景园、天目园。

水生观赏植物。

芭蕉
Musa basjoo Sieb.et Zucc. ex Linuma

芭蕉科　Musaceae

芭蕉属　*Musa*

多年生草本。具根状茎。假茎粗壮。叶大型；叶片长圆形，(2~3)m×(0.25~0.3)m，先端钝，基部圆或不对称；叶柄粗壮，长达 30 cm；叶鞘长，相互包裹。穗状花序生于上部叶腋，下垂；苞片红褐色或紫色；雄花生于花序的上部，雌花生于下部；花序轴粗壮。浆果三棱状长圆形，内具多数种子。花期 8~9 月，果期翌年 5~6 月。

见于名花园、翠竹园，衣锦校区等。

原产于日本。供庭园绿化。

金线美人蕉

Canna × *genealis* L. H. Bailey 'Striata'

美人蕉科 Cannaceae

美人蕉属 *Canna*

多年生草本。叶片椭圆形至长圆形，（20~60）cm×（10~20）cm，先端尖，基部宽楔形，叶缘、叶鞘紫色，叶具金黄色弧形条纹。总状花序或圆锥花序顶生，长 15~30 cm；花大，较密集，每一苞片内有花 1~2 朵，萼片长 1.5~3 cm；花冠筒与花萼近等长，花冠裂片稍带红色；子房圆球形，密生小疣状突起。花期 6~11 月。

见于蔷薇园、水景园等。

供观赏。

再力花

Thalia dealbata Fraser

竹芋科 Marantaceae

再力花属 *Thalia*

多年生挺水植物。株高100~250 cm。叶基生，4~6片，叶柄长40~80 cm，下部鞘状，基部略膨大；叶片卵状披针形至长椭圆形，（20~50）cm×（10~20）cm，硬纸质，叶背被白粉，横出平行脉。复穗状花序顶生，总花梗细长，常高出叶面；花紫红色。蒴果近圆球形或倒卵状球形，熟时顶端开裂。花期4~10月，果期6~11月。

见于水景园、天目园、盆景园，衣锦校区等。

原产于美国南部和墨西哥。优良水生观赏植物。

梭鱼草
Pontederia cordata Linn.

雨久花科 Pontederiaceae

梭鱼草属 *Pontederia*

多年生挺水植物。叶基生，叶形多变，常倒卵状披针形，（10~25）cm×（8~15）cm，先端渐尖，基部广心形，叶面光滑，深绿色；叶柄绿色，圆筒形。花葶直立，常高出叶面；穗状花序顶生，长 5~20 cm；花密集多数，蓝紫色带黄斑，花被裂片 6 枚，近圆形。蒴果，坚硬。花果期 5~10 月。

见于水景园、天目园、盆景园，衣锦校区等。

水生观赏植物。

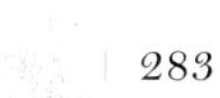

薤白
Allium macrostemon Bunge

百合科　Liliaceae

葱　属　*Allium*

多年生草本。鳞茎近球状，径 0.7~2 cm，有时基部具小鳞茎。叶 3~5 枚，半圆柱状或三棱状条形，中空，上面具沟槽，短于花莛；无柄。花莛圆柱状，高 30~70 cm，下部 1/4~1/3 被叶鞘包被；伞形花序半球状至球状，具多而密集的花，间具珠芽或全为珠芽；花淡紫色或淡红色，稀白色。花果期 5~7 月。

见于各园区。

鳞茎入药；也供野菜。

一叶兰
Aspidistra elatior Blume

百合科 Liliaceae

蜘蛛抱蛋属 *Aspidistra*

多年生常绿草本。根状茎横走，近圆柱形，具节和鳞片。叶单生于根状茎，彼此相距 1~3 cm；叶片椭圆形至长圆状披针形，（22~80）cm ×（8~11）cm，先端急尖，基部楔形，边缘多少皱波状，叶面有时稍具黄白色的斑点或条纹；叶柄粗壮，长 5~35 cm。花紫色，肉质。花期 5~6 月。

见于槭树园。

观叶植物。

萱草
Hemerocallis fulva (Linn.) Linn.

百合科 Liliaceae

萱草属 *Hemerocallis*

多年生草本。叶基生，排成二列；叶片宽条形至条状披针形，（40~80）cm×（1.5~3.5）cm。圆锥序花近 2 歧状，具花 6~12 或更多；苞片卵状披针形；花大型，橘红色至橘黄色，近漏斗状。蒴果长圆形，具钝 3 棱；种子黑色，有棱。花期 6~8 月。

见于水景园、天目园等。

根药用；花蕾供食用。

火炬花
Kniphofia uvaria (Linn.) Oken

百合科 Liliaceae

火把莲属 *Kniphofia*

多年生草本。根肉质。茎短缩，顶芽常孕育花芽，侧芽易萌发，形成很多分蘖。叶丛生，草质，剑形，（60~90）cm ×（2.0~2.5）cm，在中部或中上部开始向下弯曲下垂，基部常内折，抱合成假茎。总状花序顶生，长 20~30 cm，上生密集筒状小花，呈火炬状；花冠橘红色。花期 6~7 月，果期 9~10 月。

见于槭树园。

原产于非洲的东部与南部。供庭院、花境观赏。

金边阔叶山麦冬

Liriope muscari L. H. Bailey 'Variegata'

百合科 Liliaceae

山麦冬属 *Liriope*

多年生常绿草本。根状茎粗短，无地下走茎；根细长，具膨大成椭圆形或纺锤形的小块根。叶基生，密集成丛；叶片条形，（12~50）cm×（0.5~3.5）cm，革质，边缘金黄色。花茎高出叶丛；总状花序顶生；花紫色或紫红色，4~8 朵簇生于苞腋；花被片长圆形。蒴果近圆球形。花期 7~8 月，果期 9~11 月。

见于各园区。

供彩叶地被等。

山麦冬
Liriope spicata (Thunb.) Lour.

百合科 Liliaceae

山麦冬属 *Liriope*

多年生常绿草本。根状茎短，有细长的地下走茎；根近末端处常膨大成长圆形或纺锤形的肉质小块根，长 1~2 cm。叶基生，无柄；叶片宽条形，（20~55）cm ×（0.5~1.0）cm，先端急尖或钝，具 5 条脉，叶缘具细锯齿。花葶直立，常伸出叶丛；花黄白色或稍带紫色，常 2~5 朵簇生。花期 6~8 月，果期 9~10 月。

见于各园区。

供观赏等。

麦冬

Ophiopogon japonicus (Linn. f.) Ker-Gawl.

百合科 Liliaceae

沿阶草属 *Ophiopogon*

多年生常绿草本。根状茎粗短，具细长的地下走茎，根较粗壮，中部或近末端常膨大呈椭圆形或纺锤形的小块根。叶基生；叶片条形，（10~50）cm ×（0.1~0.4）cm，边缘具细锯齿。花葶从叶丛中抽出，远短于叶簇；总状花序稍下弯，具 8~10 花；花紫色或淡紫色。蒴果圆球形，径 7~8 mm，熟时深蓝色。花期 6~7 月，果期 7~8 月。

见于各园区。

观赏地被，块茎食药用。

多花黄精
Polygonatum cyrtonema Hua

百合科 Liliaceae

黄精属 *Polygonatum*

多年生常绿草本。根状茎肥厚，通常连珠状或结节状，直径 1~3 cm。茎高 50~100 cm。叶互生，椭圆形至长圆状披针形，（8~20）cm×（2~8）cm，先端尖至渐尖，基部圆钝，两面无毛。伞形花序，通常 2~7 花，下垂；总花梗长 7~15 mm；苞片早落；花绿白色，圆筒形，长 1.5~2.0 cm；花被筒基部收缩成短柄状。浆果熟时黑色，直径约 1 cm。花期 5~6 月，果期 8~10 月。

见于果木园、天目园等。

块茎药用。

吉祥草

Reineckea carnea (Andrews) Kunth

百合科 Liliaceae

吉祥草属 *Reineckea*

多年生草本。根状茎细长，横生浅土中或露出地面，前生向上发出叶簇。叶每簇 3~8 枚；叶片条形至倒披针形，（10~45）cm×（0.5~3.5）cm，先端渐尖。花葶侧生，远短于叶簇；穗状花序；花淡红色或淡紫色，稍肉质，花被裂片开花时反卷。浆果圆球形，熟时红色或紫红色。花果期 10~11 月。

见于各园区。

供观赏地被及药用等。

绵枣儿
Scilla scilloides (Lindl.) Druce

百合科 Liliaceae

绵枣儿属 *Scilla*

多年生草本。鳞茎卵圆形或卵状椭圆形，径 1.0~2.5 cm。叶常 2 枚；叶片条形或倒披针形，（4~15）cm ×（0.5~1.0）cm，先端急尖，基部渐狭。花葶常 1 枚，常于叶片枯后发出，高 15~60 cm。总状花序；花小，紫红色、淡红色至白色；花被片基部稍合生，卵状披针形或长圆形；花梗长 2~6 mm，顶端具关节。蒴果倒卵形。花果期 9~10 月。

偶见于各园区。

供观赏及药用。

白穗花

Speirantha gardenii (Hook.) Baill.

百合科 Liliaceae

白穗花属 *Speirantha*

多年生常绿草本。根状茎圆柱形，斜生，节上生少数细长的地下走茎。叶 4~8 枚，基生；叶片倒披针形、披针形或长椭圆形，（10~20）cm×（3~5）cm，先端渐尖，下部渐狭成柄；叶柄基部扩大成膜质纤维状鞘。花葶侧生，短于叶簇；总状花序，有花 12~18 朵；花白色。浆果近圆球形。花期 5~6 月，果期 7 月。

见于文学花园、天目园等。

供观赏及药用。

老鸦瓣

Tulipa edulis (Miq.) Baker

百合科 Liliaceae

郁金香属 *Tulipa*

多年生草本。鳞茎卵形，径 1.5~2 cm，黑褐色。茎高 10~25 cm，时有分枝。茎下部的 1 对叶片条形，（15~25）cm ×（0.4~0.9）cm；茎上部的叶对生，稀 3 叶轮生，苞片状，条形或宽条形。花单生于茎顶；花被片白色，外面有紫红色纵条纹，长圆状披针形，（18~25）mm ×（4~7）mm。蒴果近球形，径约 1.2 cm，具长喙。花期 3~4 月，果期 4~5 月。

见于蔷薇园、天目园等。

鳞茎入药，也供观赏。

石蒜

Lycoris radiata (L'Her.) Herb.

石蒜科 Amaryllidaceae

石蒜属 *Lycoris*

多年生草本。鳞茎宽椭圆形或近圆球形，径 1~3.5 cm。秋季发叶，来年夏季枯亡，叶片狭带状，（14~30）cm×（0.4~0.6）cm，先端钝，深绿色，中间有粉绿色带。花茎高约 30 cm；伞形花序有 4~7 花；总苞片 2 枚，干膜质，披针形；花鲜红色；花被筒绿色，裂片狭倒披针形，强度皱缩并向外卷曲；雄蕊显著外伸，约比花被长 1 倍。花期 8~10 月，果期 10~11 月。

见于文学花园，衣锦校区等。

供药用及观赏等。

附：中国石蒜

Lycoris chinensis Traub

与石蒜的主要区别：春季出叶；叶片宽约 2 cm；花橙黄色；花被管长 1.7~2.5 cm，裂片背面具淡黄色中肋，强度反卷和皱缩；雄蕊与花被片近等长。

见于文学花园，衣锦校区等。

供药用及观赏等。

换锦花

Lycoris sprengeri Comes ex Baker

石蒜科 Amaryllidaceae

石蒜属 *Lycoris*

多年生草本。鳞茎椭圆形或近圆球形，径约 3.5 cm。早春发叶；叶片带状，（25~30）cm×（0.8~1.2）cm，先端钝。花葶高约 60 cm，总苞片 2 枚；伞形花序有花 4~6 朵；花淡紫红色，花被管长 0.6~1.5 cm，裂片先端常带蓝色，倒披针形；雄蕊与花被近等长；花柱略伸出于花被外。蒴果具三棱，室背开裂。花期 8~9 月。

见于文学花园。

鳞茎入药；也供观赏。

紫娇花
Tulbaghia violacea Harv.

石 蒜 科 Amaryllidaceae

紫娇花属 *Tulbaghia*

多年生草本，株高 30~70cm。茎叶均含有韭菜味。鳞茎圆柱形，径约 2 cm，具白色膜质叶鞘。叶片半圆柱形，（25~30）cm×（4~6）mm，叶鞘长 5~20 cm。花茎直立，高 30~60 cm；顶生伞形花序，具多数花，径 2~5 cm；花粉红色；花被片卵状长圆形，基部稍结合，先端钝或锐尖，背脊紫红色。蒴果，三角形。花期 5~7 月。

见于槭树园。

原产于南非。可供花境、地被植物。

葱莲
Zephyranthes candida (Lindl.) Herb.

石蒜科 Amaryllidaceae

葱莲属 *Zephyranthes*

多年生草本。鳞茎卵形，径达 2.5 cm，有明显的颈部。叶基生，常与花茎同时抽发；叶片狭条形，（20~30）cm ×（0.2~0.4）cm，肥厚，有光泽。花单生于花茎顶端，白色，漏斗状，外面略带淡红色；花被管几无，花被片 6，裂片长 3~5 cm，先端钝或具短尖头，近喉部常有很小的鳞片。蒴果近球形，3 瓣裂。花期秋季。

见于桂花园、杜鹃谷，衣锦校区等。

原产于南美。供观赏及药用等。

附：韭莲
Zephyranthes grandiflora Lindl.

与葱莲的主要区别：叶片宽条形，宽 6~8 mm；花玫瑰色或粉红色；花被管长 1~2.5 cm。

见于名花园、杜鹃谷，衣锦校区等。

供观赏。

鸢尾

Iris tectorum Maxim.

鸢尾科 Iridaceae

鸢尾属 *Iris*

多年生草本。具老叶残留的膜质叶鞘及纤维。基生叶宽剑形，稍弯曲，(15~50) cm×(1.5~3.5) cm。花茎光滑，几与基生叶等长，顶端常有1~2个短分枝，中、下部具茎生叶1~2枚；苞片2~3枚，内含1~2花；花蓝紫色，径约10 cm，外轮花被裂片倒卵形，中脉上有1条鸡冠状附属物，内轮花被裂片稍小。蒴果长圆形至椭圆形，具6条明显的肋。花期4~5月，果期6~8月。

见于文学花园。

供观赏及药用等。

附：白蝴蝶花

Iris japonica f. *pallescens* P. L. Chiu et Y. T. Zhao

与鸢尾的主要区别：花茎分枝成总状排列；花小，径3.5~6 cm，白色，外轮花被裂片中脉上有淡黄色和黄褐色条状斑纹。

见于文学花园、名花园，衣锦校区等。

白及

Bletilla striata (Thunb.) Rchb. f.

兰 科 Orchidaceae

白及属 *Bletilla*

多年生草本，株高30~80 cm。假鳞茎扁球形，具荸荠状的环带。茎粗壮，劲直。叶4~6，狭长圆形至披针形，先端渐尖，基部收狭成鞘并抱茎。总状花序顶生，具花3~10，花序轴曲折；花大，紫红色或粉红色；萼片和花瓣近等长，花瓣较萼片稍宽。花期4~5月，果期9~10月。

见于果木园、天目园等。

供观赏及药用等。

中名索引

（按拼音排序）

拉丁名索引

（按字母排序）

G

H

I

J

K

L

Q

R

S